重庆市生物工程与现代农业特色学科专业群资助

普通高等教育规划教材

工业微生物学实验技术

梁姗　陈今朝　主编

U0387468

化学工业出版社

·北京·

内 容 简 介

《工业微生物学实验技术》分为工业微生物学基础实验技术、工业微生物分离与鉴定技术、工业微生物育种技术三大部分。本书共设置了 48 个实验，包括培养基的配制和灭菌、菌种纯化培养、发酵过程分析、微生物分离鉴定和微生物育种实验等，适合于微生物实验和微生物遗传育种实验教学。

本书适合高等院校生物工程、生物技术、生物科学、食品科学与工程、食品质量与安全、环境科学与工程等理工专业的本科生教学使用，也适合于高等职业技术学院相关专业的学生教学使用。

图书在版编目（CIP）数据

工业微生物学实验技术/梁姗，陈今朝主编.—北京：
化学工业出版社，2021.8
　ISBN 978-7-122-39313-5

　Ⅰ.①工… Ⅱ.①梁…②陈… Ⅲ.①工业微生物学-
实验　Ⅳ.①Q939.97-33

中国版本图书馆 CIP 数据核字（2021）第 112358 号

责任编辑：傅四周　　　　　　　　　文字编辑：朱雪蕊　陈小滔
责任校对：王鹏飞　　　　　　　　　装帧设计：韩　飞

出版发行：化学工业出版社（北京市东城区青年湖南街 13 号　邮政编码 100011）
印　　　装：涿州市般润文化传播有限公司
710mm×1000mm　1/16　印张 13½　字数 227 千字　2021 年 9 月北京第 1 版第 1 次印刷

购书咨询：010-64518888　　　　　　售后服务：010-64518899
网　　址：http://www.cip.com.cn

定　　价：49.80 元　　　　　　　　　　　版权所有　违者必究

编者名单

主　编

梁　姗（长江师范学院）

陈今朝（长江师范学院）

副主编

向　伟（长江师范学院）

吕　涛（曲靖师范学院）

编　者

廖静静（长江师范学院）

何秀丽（长江师范学院）

张　燕（长江师范学院）

周火祥（郑州大学）

程　驰（成都师范学院）

前　言

　　工业微生物学是从工业生产需要出发，研究微生物的生命及代谢途径，以及人为控制微生物代谢的规律，是一门实践性很强的应用学科。只有掌握扎实而广泛的基础知识和熟练的操作技能，才能真正掌握好这门应用学科，更好地服务于科研和生产。工业微生物学实验作为工科专业基础技术课程，是微生物学教学实践重要环节，是微生物学的理论基础和企业工厂生产实践的结合，能加深学生对工业微生物学基本理论的理解，加强对工业微生物的感性认识，为更好地从事生产服务和科学研究提供保障。

　　笔者教研组从工业微生物教学实际出发，根据多年的教学经验及学科发展的趋势与特点编写了本书。本实验教材共设置了 48 个实验，分为工业微生物学基础实验技术、工业微生物分离与鉴定技术、工业微生物育种技术三部分。第一部分包括培养基的配制和灭菌、菌种纯化培养、细菌的生理生化实验、基础发酵实验等，主要为基础验证性实验，加强学生对微生物学基本实验技能的学习。第二部分包括 16S rRNA 基因序列分析鉴定方法、各种生境中微生物的分离与鉴定实验，主要为综合性实验，促进学生综合素质的培养。第三部分主要包括各类诱变、原生质体融合、基因组改组等实验方法，主要为设计性实验，促进学生创新能力的培养。

　　本实验教材适合高等院校生物工程、生物技术、生物科学、食品科学与工程、食品质量与安全、环境科学与工程等理工专业的本科生教学使用，也适合于高等职业技术学院相关专业的学生教学使用。

　　由于编者的水平和能力有限，难免有不足、疏漏和不妥之处，敬请同行专家和广大读者批评指正，以便使本书在使用中不断完善和提高。

编者

2021 年 3 月

目　录

工业微生物学实验规则与安全

    工业微生物学实验是一门培养学生动手能力和综合素质的实验课程，通过实验，学生加深对工业微生物学知识的理解和掌握，掌握实验技术的基本操作和技能，同时初步了解和掌握先进的工业微生物实验技术和方法，与迅速发展的学科前沿接轨。为了圆满完成实验课的教学任务，达到教学目的，进入实验室从事相关实验的学生及研究人员均应遵守如下实验室规则。

    （1）实验课组织：分组实验应该安排实验组长，组织实验活动，收发实验报告，进行教学沟通，安排值日。值日生负责监督各实验台的卫生，打扫并保持实验室环境卫生，倾倒垃圾，离开实验室前检查水、火、电、气及门窗等方面安全。

    （2）实验室登记：实验课前登记签到，若有失约应事先请假。

    （3）实验室着装：进入实验室应着干净整洁的实验服，长发者应将头发束于脑后或实验帽内，实验操作人员勿穿高跟鞋，严禁穿拖鞋进入实验室。

    （4）实验室课堂纪律：遵守课堂纪律，维护课堂秩序，不迟到早退，提倡独立思考，合作研究，勿喧哗，忌闲聊。实验室内禁止饮食和吸烟。衣物、书包和其他杂物应放置在远离实验台的位置。

    （5）实验前准备：实验前应预习实验内容，了解实验目的、原理和方法，熟悉实验室环境。

    （6）实验室安全：严格执行实验室各项规章制度，养成良好的实验习惯。实验室药品和试剂标签均应完整。实验前后须对个人和操作环境进行消毒处理，应在无菌室中、净化工作台上、酒精灯前进行无菌操作。对于实验室的仪器设备谨记不懂不动的原则，应在掌握实验器材设备的性能和使用方法前提下规范使用。使用如高压蒸汽灭菌锅等时，须熟悉操作要求，时刻注意观察压力表，控制在规定压力范围内，以免发生危险。注意安全用电，电气设备使用前应检查有无绝缘损坏、接触不良或地线接地不良，故障电器应及时标记，并尽快上报维修。实验室应保持良好的通风条件，时刻注意实验室中水、火、电、气等方面的使用规范和安全要求。实验室必须配备消防器材，实验人员要熟悉并掌握其使用方法。

（7）实验室环境卫生：实验中产生的废液、废物应集中处理，不得任意排放，严禁弃置于洗涤槽内。所有废弃的微生物培养物以及被污染的玻璃器皿及阳性的检验标本，均应先消毒灭菌处理后再清洗处置，有毒易污染的实验废液应倒入专门的废液回收器内。实验器具用完后应及时清洁并归位原处，玻璃器皿等容器应洗净倒置，摆放于固定位置。

第一部分

工业微生物学基础实验技术

普通光学显微镜的构造及使用

一、实验目的

1.掌握普通光学显微镜的基本构造、使用方法、保护要点。
2.掌握普通光学显微镜油浸系物镜的原理。

二、实验原理

光学显微镜包括普通光学显微镜、相差光学显微镜、暗视野光学显微镜、荧光光学显微镜和电子光学显微镜等。在食品微生物实验中最常用的是普通光学显微镜。其放大倍数＝物镜放大倍数×目镜放大倍数。光学显微镜由机械装置和光学系统两大部分组成（图 1-1）。

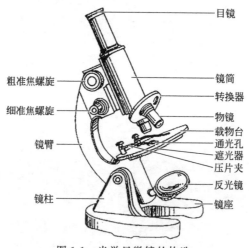

图 1-1　光学显微镜的构造

1. 机械装置

镜座位于光学显微镜底部，呈马蹄形，它支持全镜。镜臂有固定式和活动式两种，活动式的镜臂可改变角度，镜臂支持镜筒。

镜筒是由金属制成的圆筒，上接目镜，下接转换器。镜筒有单筒和双筒两种。单筒又可分为直立式和后倾式两种；而双筒则都是倾斜式的，倾斜式镜筒倾斜 45°。双筒中的一个目镜有屈光度调节装置，以备在两眼视力不同的情况下调节使用。

转换器为两个金属碟所合成的一个转盘，其上装 3~4 个物镜，可使每个物镜通过镜筒与目镜构成一个放大系统。

载物台又称镜台，为方形或圆形的盘，用以载放被检物体，中心有一个通光孔。在载物台上有的装有两个金属压片称压片夹，用以固定标本；有的装有标本推动器，将标本固定后，能向前后左右推动。有的推动器上还有刻度，能确定标本的位置，便于找到变换的视野。

调焦装置是调节物镜和标本间距离的机件，有粗准焦螺旋即粗调节器和细准焦螺旋即细调节器，利用它们使镜筒或镜台上下移动，当物体在物镜和目镜焦点上时，则得到清晰的图像。

2. 光学系统

物镜安装在镜筒下端的转换器上，因接近被观察的物体，故又称接物镜。其作用是将物体做第一次放大，物镜是决定成像质量和分辨能力的重要部件。物镜上通常标有数值孔径、放大倍数、镜筒长度、焦距等主要参数。如：NA0.30；10×；160/0.17；16mm。其中"NA0.30"表示数值孔径（numerical aperture，NA），"10×"表示放大倍数，"160/0.17"分别表示镜筒长度和所需盖玻片厚度（mm），16mm 表示焦距。

目镜装于镜筒上端，由两块透镜组成。目镜把物镜造成的像再次放大，不增加分辨力，上面一般标有 7×、10×、15× 等放大倍数，可根据需要选用。一般可按与物镜放大倍数的乘积为物镜数值孔径的 500~700 倍，最大也不能超过 1000 倍进行选择。目镜的放大倍数过大，反而影响观察效果。

光源射出的光线通过聚光器汇聚成光锥照射标本，增强照明度和造成适宜的光锥角度，提高物镜的分辨力。聚光器由聚光镜和虹彩光圈组成，聚光镜由透镜组成，其数值孔径可大于 1，当使用大于 1 的聚光镜时，需在聚光镜和载玻片之间加香柏油，否则只能达到 1.0。虹彩光圈由薄金属片组成，中心形成圆孔，推动把手可随意调整透进光的强弱。调节聚光镜的高度和虹彩光圈的大小，可得到适当的光照和清晰的图像。

较新式的光学显微镜其光源通常是安装在光学显微镜的镜座内，通过按钮开关来控制；老式的光学显微镜大多是采用附着在镜臂上的反光镜，反光镜是一个两面镜子，一面是平面，另一面是凹面。在使用低倍和高倍镜观察时，用平面反光镜；使用油镜或光线弱时可用凹面反光镜。

可见光是由各种颜色的光组成的，不同颜色的光线波长不同。如只需某一波长的光线时，就要用滤光片。选用适当的滤光片，可以提高分辨力，增加影像的反差和清晰度。滤光片有紫、青、蓝、绿、黄、橙、红等各种颜色的，分别透过不同波长的可见光，可根据标本本身的颜色，在聚光器下加相应的滤光片。

3. 油镜物镜

使用时，油镜与其他物镜的不同是载玻片与物镜之间不是隔一层空气，而是隔一层油质，称为油浸系。这种油常选用香柏油。因香柏油的折射率 $n=1.52$，与玻璃相同，当光线通过载玻片后，可直接通过香柏油进入物镜而不发生折射。如果玻片与物镜之间的介质为空气，则称为干燥系，当光线通过玻片后，受到折射发生散射现象，进入物镜的光线显然减少，这样就降低了视野的照明度。

三、实验器材

1. 微生物标本

各种微生物标本片。

2. 仪器设备

光学显微镜。

3. 其他材料

盖玻片、载玻片、二甲苯、香柏油、擦镜纸等。

四、实验内容

1. 观察前的准备

（1）从光学显微镜柜或镜箱内拿出光学显微镜时，要用右手紧握镜臂，左手托住镜座。

（2）平稳地将光学显微镜搬运到实验桌上。将光学显微镜放在自己身体的左前方，离桌子边缘约 10cm，右侧可放记录本或绘图纸。

（3）调节光照：不带光源的光学显微镜，可利用灯光或自然光通过反光镜来调节光线。光线较强的天然光源宜用平面镜；光线较弱的天然光源或人工光源宜用凹面镜，但不能直射阳光，直射阳光会影响物像的清晰度并刺激眼睛。将 10× 物镜转入光孔，将聚光器上的虹彩光圈打开到最大位置，用左眼观察目镜中视野的亮度，转动反光镜，使视野的光照达到最明亮最均匀为止。自带光源的光学显微镜，可通过调节电流旋钮来调节光照强弱。凡检查染色标本时，光线应加强；检查未染色标本时，光线不宜太强。可通过扩大或缩小光圈、升降聚光器、旋转反光镜调节光线。

2. 低倍镜观察

镜检任何标本都要养成必须先用低倍镜观察的习惯。因为低倍镜视野较大，易于发现目标和确定检查的位置。

将标本片放置在载物台上，用压片夹夹住，移动推动器，使被观察的标本处在物镜正下方，转动粗调节旋钮，使物镜调至接近标本处，用目镜观察并同时用粗调节旋钮慢慢下降载物台，直至物像出现，再用细调节旋钮使物像清晰为止。用推动器移动标本片，找到合适的目的像并将它移到视野中央进行观察。

3. 高倍镜观察

在低倍物镜观察的基础上转换高倍物镜。较好的光学显微镜，低倍、高倍镜头是同焦的，在转换物镜时要从侧面观察，避免镜头与玻片相撞。然后从目镜观察，调节光照，使亮度适中，缓慢调节粗调节旋钮，慢慢下降载物台直至物像出现，再用细调节旋钮调至物像清晰为止，找到需观察的部位，移至视野中央，准备用油镜观察。

4. 油镜观察

（1）用粗调节器将镜筒提起约 $2cm$，转至正下方。

（2）在玻片标本的镜检部位滴上一滴香柏油。

（3）从侧面注视，用粗调节器将镜筒小心地降下并浸在香柏油中，其镜头几乎与标本相接。应特别注意不能压在标本上，更不可用力过猛，否则不仅压碎玻片，也会损坏镜头。

（4）从接目镜内观察，进一步调节光线，使光线明亮，再用粗调节器将镜筒徐徐上升，直至视野出现物像为止，然后用细调节器校正焦距。如镜筒已离开油面而仍未见物像，必须再从侧面观察，将镜筒降下，重复操作至物像看清为止。

5. 观察完后复原

下降载物台，将油镜头转出，先用擦镜纸擦去镜头上的油，再用擦镜纸蘸少许乙醚乙醇混合液擦去镜头上残留油迹，最后再用擦镜纸擦拭 2~3 下即可（注意向一个方向擦拭）。

将各部分还原，转动物镜转换器，使物镜头不与载物台通光孔相对，而是成八字形位置，再将载物台下降至最低，降下聚光器，反光镜与聚光器垂直，最后用柔软纱布清洁载物台等机械部分，然后将光学显微镜放回柜内或镜箱中。

五、注意事项

1. 调焦时，应先用粗调节器使镜台下降（或镜筒上升），等看到物像后再用细调节器使物像清晰。

2. 切忌在调焦时将粗调节器向反方向转动，这样很容易损坏镜头和载玻片。

3. 保持镜头干净，不要用手和其他纸擦拭镜头，以免使镜头沾上污渍或产生划痕而影响观察。

六、实验结果

绘制出在低倍镜、高倍镜和油镜下观察到的各细菌、酵母菌、霉菌的形态图，并注明物镜放大倍数和总的放大倍数。

七、思考题

1. 用油镜观察时应注意哪些问题？在载玻片和镜头之间滴加什么油？起何作用？

2. 影响光学显微镜分辨率的因素有哪些？

3. 油镜用毕后，为什么必须把镜油擦掉？用过多的二甲苯擦镜头有什么危害？

实验 2

培养基的配制与灭菌

一、实验目的

1. 明确培养基配制的原理。

2. 掌握配制培养基的一般方法和步骤。

3. 掌握高压蒸汽灭菌锅的使用方法。

二、实验原理

培养基配制的基本原则是目的明确、比例协调、pH 适宜、经济节约。本次配制的培养基是适合细菌生长的牛肉膏蛋白胨培养基，这是一种应用最广泛最普遍的细菌基本培养基。牛肉膏提供碳源和能源，蛋白胨主要提供氮源，NaCl 提供无机盐，用 HCl 和 NaOH 调节 pH，还要加入一定量的琼脂作为凝固剂。琼脂在大于 96℃时熔化，小于 40℃时凝固，通常不被微生物利用。

三、实验器材

1. 培养基

牛肉膏蛋白胨培养基：牛肉膏 5g/L、蛋白胨 10g/L、NaCl 5g/L、琼脂 20g/L、pH 7.2～7.4。

2. 溶液与试剂

HCl、NaOH、琼脂、蒸馏水等。

3. 仪器设备

高压蒸汽灭菌锅、恒温培养箱、电炉（或电磁炉、微波炉）、烘箱、pH 计、电子天平等。

4. 其他材料

量筒、铝锅、玻棒、锥形瓶、90mm 培养皿、吸管、试管、去污粉、试管刷、硅胶塞、棉花、牛皮纸或报纸、包扎绳、烧杯、牛角匙、记号笔、麻绳、纱布等。

四、实验内容

1. 洗涤

用试管刷蘸取少量去污粉反复刷洗器皿 2～3 次；用自来水冲洗 2～3 次；用少量去离子水振荡洗涤 1～2 次，控干水分。

2. 器皿包扎

（1）培养皿

洗净的培养皿烘干后每 5～10 套（或根据需要而定）叠在一起，用牢固的纸卷成一筒，或装入特制的不锈钢桶中，然后进行灭菌。

（2）吸管

洗净、烘干后的吸管，在吸口的一头塞入少许脱脂棉花，以防在使用时造成污染。塞入的棉花量要适宜，多余的棉花可用酒精灯火焰烧掉。每支吸管用一条宽 4～5cm 的纸条，以 30°～50°角度的螺旋形卷起来，吸管的尖端在头部，另一端用剩余的纸条打成一结，以防散开，标上容量。若干支吸管包扎成一束进行灭菌，使用时，从吸管中间拧断纸条，抽出吸管。

（3）试管和锥形瓶

试管和锥形瓶都需要做合适的棉塞，棉塞可起过滤作用，避免空气中的微生物进入容器。制作棉塞时，要求棉花紧贴玻璃壁，没有皱纹和缝隙，松紧适宜。过紧易挤破管口和不易塞入，过松易掉落和污染。棉塞的长度不小于管口直径的 2 倍，约 2/3 塞进管口。若干支试管用绳扎在一起，在棉花部分外包裹油纸或牛皮纸，再用绳扎紧。锥形瓶加棉塞后单个用报纸包扎。

3. 烘干

洗净的器皿控去水分，放在烘箱内 105～110℃烘 1h 左右，此法适用于一般仪器。对于急于干燥的仪器或不适于放入烘箱的较大的仪器可用吹干的办法。通常用少量乙醇、丙酮（或最后再用乙醚）倒入已控去水分的仪器中摇洗，然后用电吹风吹至完全干燥。不急用的仪器，可在蒸馏水冲洗后在无尘处倒置控去水分，然后自然干燥。

4. 配制溶液

按培养基配方比例依次准确地称取牛肉膏、蛋白胨、NaCl 放入烧杯中。牛肉膏常用玻棒挑取，放在小烧杯或表面皿中称量，用热水熔化后倒入烧杯，也可按在称量纸上，称量后直接放入水中，这时如稍微加热，牛肉膏便会与称量纸分离，然后立即取出纸片。

5. 调节 pH

用精密 pH 试纸或 pH 计测量培养基原始 pH 值。若偏酸，逐滴加入 1mol/L 的 NaOH 溶液，边加边搅拌，随时测 pH 值，直至达约 7.6。若偏碱，同法用 1mol/L 的 HCl 溶液调节。

6. 分装

将配制好的培养基分装入锥形瓶和试管中，锥形瓶装量不要超过容积的 1/2，试管装量不要超过试管高度的 1/3，约为 5mL。注意分装速度要快，避免温度过低琼脂凝固。

7. 加塞

分装完毕后，在试管口和锥形瓶口塞上棉塞，以阻止外界微生物进入并保证良好的通气性能。棉塞的作用一是防止杂菌污染，二是保证通气良好。因此要求棉塞的形状、大小、松紧与容器口尽量适合。过紧则妨碍空气流通，操作不便；过松则达不到滤菌的目的。棉塞的长度应 2/3 在容器内，1/3 在容器外。制作过程见图 1-2。

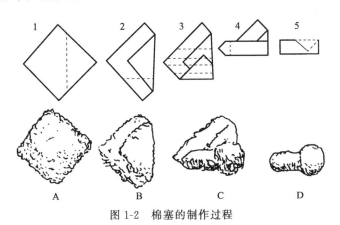

图 1-2　棉塞的制作过程

8. 包扎

加塞后，锥形瓶外包一层牛皮纸或两层旧报纸，用麻绳以活结形式扎好；试管先用橡皮筋全部捆好，再在棉塞外包牛皮纸或旧报纸，防止灭菌时冷凝水润湿棉塞。用记号笔注明培养基名称、组别、配制日期。

9. 灭菌

将包扎好的培养基放进高压蒸汽灭菌锅内，0.103MPa，121℃，20min，高压蒸汽灭菌。高压蒸汽灭菌锅的操作如下。

（1）加水：向灭菌器内加水，水要淹没加热管。

（2）装锅：将所要灭菌的物品放入锅中，摆好，不要太挤，保证通气、灭菌彻底。

（3）加盖：盖上高压蒸汽灭菌锅盖，拧紧相对螺旋，打开排气阀。

（4）加热：通上电源加热，至水沸。

（5）排气：继续加热，排气 5～10min，使锅内的冷空气彻底排出。

（6）加压：关上排气阀，继续加热使压力上升至 0.103MPa，断电。

（7）保压：通过通、断电使锅内压力保持在 0.08～0.103MPa，维持 20min。

（8）降压：保压时间到后，断开电源，等压力降到 0 后打开排气阀，放气减压。

（9）开盖：气排尽后，开盖，冷却。

10. 搁置斜面

将灭菌的试管培养基冷却至 50℃ 左右，将试管口端搁在玻棒或其他合适高度的器具上，搁置的斜面长度以不超过试管总长的一半为宜。

11. 无菌检查

将灭菌的培养基放入 37℃ 的培养箱中培养 24～48h，检查灭菌是否彻底。

五、注意事项

1. 不能用有腐蚀作用的化学试剂，也不能使用比玻璃硬度大的物品来擦拭玻璃器皿；新的玻璃器皿应用 2% 的盐酸溶液浸泡数小时，用水充分洗干净。用过的器皿应立即洗涤。

2. 蛋白胨很易吸湿，在称取时动作要迅速。称药品时严防药品混杂，一把牛角匙用于一种药品，或称取一种药品后，洗净，擦干，再称取另一药品。

3. 强酸、强碱、琼脂等能腐蚀、阻塞管道的物质不能直接倒在洗涤槽内，必须倒在废物缸内。

4. 因为纸张和棉花在 180℃ 以上时，容易焦化起火，所以干热灭菌的温度切勿超过 180℃。

5. 温度急剧下降，会使玻璃器皿破裂，所以烘箱的温度只有下降到 60℃ 以下，才可打开烘箱门。

6. 高压蒸汽灭菌时，锅内冷空气必须完全排尽后才能关上排气阀。

六、实验结果

1. 记录培养基配制的操作过程及其结果，并绘制流程图。

2. 检查配制的培养基经高压蒸汽灭菌后是否彻底。

七、思考题

1. 配制培养基的过程中应该注意些什么问题？为什么？

2.培养基配制好后，为什么必须立即灭菌？如何检查灭菌后的培养基是无菌的？

实验 3

细菌的染色及特殊结构观察

一、实验目的

1.了解细菌染色的基本原理。

2.掌握细菌的简单染色、革兰氏染色及其他染色方法。

3.观察和识别细菌的形态及细菌细胞的特殊结构。

二、实验原理

细菌菌体微小，而且折射率低，在光学显微镜下特别是在油浸物镜下几乎与背景无反差，很难看清楚。如将其染色，使折射率增大，便容易观察。菌体的性质及各部分对某些染料的着色性不同，因此可以利用不同的染色方法来区别不同的细菌及其结构。

用于细菌染色的染色剂是苯环上含有发色基团和助色基团的化合物。发色基团使化合物本身具有染色能力，助色基团有电离特性，可以与被染物结合，使被染物着色。

染色剂有三种：酸性染色剂（电离后分子带负电荷）、碱性染色剂（电离后分子带正电荷）、复合染色剂（电离后分子不带电荷，故也称为中性染色剂）。酸性染色剂主要用于染细胞质，碱性染色剂主要用于染核和异染颗粒等细胞结构，复合染色剂主要用来染螺旋体和立克次氏体。

简单染色法只用一种染料使细菌着色以显示其形态，简单染色不能辨别细菌细胞的构造。

革兰氏染色法可将所有的细菌区分为革兰氏阳性菌（G^+）和革兰氏阴性菌（G^-）两大类，是细菌学上最常用的鉴别染色法。G^-菌的细胞壁中含有较多易被乙醇溶解的类脂质，而且肽聚糖层较薄、交联度低，故用乙醇或丙酮脱色时溶解了类脂质，增加了细胞壁的通透性，使初染的结晶紫和碘的复合物易于渗出，结果细菌就被脱色，再经番红复染后就成红色。G^+菌细胞壁中肽聚糖层厚且交联度高，类脂质含量少，经脱色剂处理后反而使肽聚糖层的孔径缩小，通透性降低，因此细菌仍保留初染时的颜色。

芽孢是芽孢杆菌属和梭菌属细菌生长到一定阶段形成的一种抗逆性很强的休眠体结构，也被称为内生孢子，通常为圆形或椭圆形。与正常细胞或菌体相比，芽孢壁厚而致密，通透性低，不易着色，但是芽孢一旦着色就很难被脱色。利用这一特点，首先用着色能力强的染料（如孔雀绿）在加热条件下染色，使染料既可进入菌体也可进入芽孢，水洗脱色时，菌体中的染料被洗脱，而芽孢中的染料仍保留。然后用对比度强的染料对菌体复染，使菌体和芽孢呈现出不同的颜色，因而能更明显地衬托出芽孢，便于观察。

荚膜的化学成分对染料结合力很弱，不容易着色，而且可溶于水，易在水洗时被除去。所以，一般采用衬托染色法又称负染色法，使菌体和背景着色，而荚膜不着色，在菌体周围形成一透明圈，即荚膜。

细菌的鞭毛很纤细，用光学显微镜观察时，必须用鞭毛染色法。在染色前先采用不稳定的胶体溶液作为媒染剂处理，使之沉积于鞭毛上，加粗鞭毛的直径，再进行染色。常用的硝酸银染色法较易掌握，但染色剂保存期较短。不宜用已形成芽孢或衰亡期培养物作鞭毛染色的菌种材料，老龄细菌鞭毛容易脱落。

三、实验器材

1. 菌种

大肠杆菌（*Escherichia coli*）、枯草芽孢杆菌（*Bacillus subtilis*）、圆褐固氮菌（*Azotobacter chroococcum*）、普通变形杆菌（*Proteus vulgaris*）。

2. 溶液与试剂

香柏油、二甲苯、草酸结晶紫、石炭酸复红染色液、番红染色液、荚膜染色液（5%孔雀绿水溶液）、硝酸银鞭毛染色液、鲁氏碘液、95%乙醇、黑素。

3. 仪器设备

光学显微镜。

4. 其他材料

擦镜纸、酒精灯、接种环、载玻片、绘图墨水等。

四、实验内容

(一) 简单染色法

1. 涂片

在干净的载玻片中央加一滴蒸馏水，以无菌操作法，从斜面上挑取少量大肠杆菌或枯草芽孢杆菌菌种，在载玻片上和水混合后，涂成一均匀薄层。

2. 干燥

让涂片自然晾干或者在酒精灯火焰上方文火烘干。

3. 固定

待涂片干燥后，手持载玻片一端，有菌膜的一面向上，在酒精灯火焰上通过几次（用手背触载玻片背面，以不烫手为宜），待冷却后，再加染料。

4. 染色

玻片置于水平位置，加石炭酸复红染色液于菌膜部位，染 1～2min。

5. 水洗

倾去染液，斜置玻片，在缓流自来水下冲洗（切勿使水流直接冲刷在菌膜处），直至洗下水呈无色为止。

6. 干燥

将染好的涂片放空气中晾干或者用吸水纸吸干。

7. 镜检

将制备好的样片置于光学显微镜下进行观察，先低倍，再高倍。

(二) 革兰氏染色法

1. 涂片

采用大肠杆菌或枯草芽孢杆菌菌种，方法同简单染色法。

2. 干燥

同简单染色法。

3. 固定

同简单染色法。

4. 染色

用草酸结晶紫染色 1min 后水洗。

5. 水洗

倾去染色液，用水小心地冲洗。

6. 媒染

滴加鲁氏碘液，媒染 1min。

7. 水洗

用水洗去碘液。

8. 脱色

将玻片倾斜，连续滴加 95％乙醇脱色 20～25s 至流出液无色，立即水洗。

9. 复染

滴加番红染色液复染 5min。

10. 水洗

用水洗去涂片上的番红染色液。

11. 干燥

将染好的涂片放空气中晾干或者用吸水纸吸干。

12. 镜检

将制备好的样片置于光学显微镜下进行观察，先低倍，再高倍，并找出适当的视野后，将高倍镜转出，在涂片上加香柏油，并判断菌体的革兰氏染色反应。

（三）特殊染色法

1. 芽孢染色法

（1）涂片

采用大肠杆菌或枯草芽孢杆菌菌种，方法同简单染色法。

（2）干燥

同简单染色法。

（3）固定

同简单染色法。

（4）染色

向载玻片滴加数滴5％孔雀绿水溶液覆盖涂菌位置，用夹子夹住载玻片在微火上加热至染液冒蒸汽并维持5min，加热时注意补充染液，切勿使涂片干涸。

（5）脱色

冷却后，用缓流自来水冲洗至流出水为无色。

（6）复染

用0.5％的番红染色液复染2min。

（7）水洗

用缓流自来水冲洗至流出水为无色。

（8）干燥

将染好的涂片放空气中晾干或者用吸水纸吸干。

（9）镜检

将制备好的样片置于光学显微镜下进行观察，先低倍，再高倍，并找出适当的视野后，将高倍镜转出，在涂片上加香柏油，用油镜观察细菌的形态。

2. 荚膜染色法（负染色法）

（1）制片

取洁净的载玻片一块，加蒸馏水一滴，取少量菌体放入水滴中混匀并涂布。

（2）干燥

将涂片放在空气中晾干，或用电吹风冷风吹干（不可加热）。

（3）染色

在涂面上加石炭酸复红染色液染色2～3min。

（4）水洗

用水洗去石炭酸复红染液。

（5）干燥

将染色片放空气中晾干，或用电吹风冷风吹干。

（6）涂黑素

在染色涂面左边加一小滴黑素，用一边缘光滑的载玻片轻轻接触黑素，使黑素沿玻片边缘散开，然后向右拖展，使黑素在染色涂面上成为一薄层，并迅速风干（图1-3）。

（7）镜检

将制备好的样片置于光学显微镜下进行观察，先低倍，再高倍。

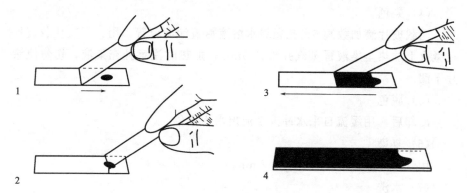

图 1-3　荚膜染色的涂片方法

3. 鞭毛染色法（硝酸银染色法）

（1）菌液制备

取普通变形杆菌等运动力强的菌种，在合适培养基上连续移种几代（斜面较湿润，下部要有少量的冷凝水），然后取用幼龄菌体（取斜面和冷凝水交接处培养物）制成悬液，在 37℃恒温培养箱放置 10min，使鞭毛松开。

（2）涂片

挑取悬液于玻片一端，倾斜玻片，使菌液慢慢流向另一端，用吸水纸吸取多余菌液后，自然晾干。

（3）染色

先滴硝酸银染色 A 液，染 4～6min 后用蒸馏水充分洗净，再滴硝酸银染色 B 液，在微火上加热 0.5～1min（不要干涸），最后用蒸馏水洗后自然干燥。

（4）观察

采用油镜进行观察。

五、注意事项

1. 革兰氏染色时，如酒精脱色过度，革兰氏阳性菌也可被染成阴性菌；如脱色时间过短，革兰氏阴性菌也会被染成革兰氏阳性菌。染色过程中勿使染色液干涸。用水冲洗后，应吸去玻片上的残水，以免染色液被稀释而影响染色效果。选用幼龄的细菌，若菌龄太老，菌体死亡或自溶常使革兰氏阳性菌呈阴性反应。

2.荚膜染色时，荚膜很薄，涂片不要用力过猛，不要滴加水，以防破坏其荚膜。原形荚膜富含水分（90％以上），制片时应自然干燥，不可加热固定，以避免荚膜受热失水收缩而变形，影响观察。

3.鞭毛染色时，配制合格的染色剂（尤其是 B 液），以及掌握好 B 液的染色时间是鞭毛染色成败的重要环节。

六、实验结果

1.记录所观察到的四种菌染色结果，绘制形态图。

2.判断大肠杆菌和枯草芽孢杆菌是革兰氏阳性菌还是阴性菌。

七、思考题

1.不经过复染这一步，能否区别革兰氏阳性菌和阴性菌？

2.为什么要求制片完全干燥后才能用油镜观察？

3.为什么芽孢染色需要进行加热？能否用简单染色法观察到细菌芽孢？

4.通过荚膜染色法染色后，为什么被包在荚膜里面的菌体着色而荚膜不着色？

实验 4

放线菌、酵母菌和霉菌的形态观察

一、实验目的

1.掌握区分放线菌、酵母菌和霉菌的要点。

2.掌握观察放线菌孢子的方法。

3.掌握观察霉菌孢子及根霉假根的方法。

4.了解酵母菌子囊孢子形成的方法。

二、实验原理

1. 三类微生物菌落形态特征

霉菌形态比细菌、酵母菌复杂，个体比较大，具有分枝的菌丝体和分化的繁殖器官。霉菌营养体的基本形态单位是菌丝，包括有隔菌丝和无隔菌丝。营养菌丝分布在营养基质的内部，气生菌丝伸展到空气中。营养菌丝除基本结构以外，有的霉菌还有一些特化形态，例如假根、匍匐菌丝、吸器等。霉菌的繁殖体不仅包括无性繁殖体，例如分生孢子、孢子囊等以及包裹其内或附着其上的各类无性孢子；还包括有性繁殖结构，例如子囊果，其内形成有性孢子。在观察时要注意细胞的大小、菌丝构造和繁殖方式。

放线菌一般由分枝状菌丝组成，它的菌丝可分为基内菌丝（营养菌丝）、气生菌丝或孢子丝三种。放线菌生长到一定阶段，大部分气生菌丝分化成孢子丝，通过横割分裂的方式产生成串的分生孢子。孢子丝形态多样，有直、波曲、钩状、螺旋状、轮生等多种形态。孢子也有球形、椭圆形、杆状和瓜子状等。它们的形态构造都是放线菌分类鉴定的重要依据。

酵母菌是单细胞的真核微生物，细胞核和细胞质有明显分化，个体比细菌大得多。酵母菌的形态通常有球状、卵圆状、椭圆状、柱状或香肠状等多种。酵母菌的无性繁殖有芽殖、裂殖和产生掷孢子，酵母菌的有性繁殖形成子囊和子囊孢子。酵母菌母细胞在一系列的芽殖后，如果长大的子细胞与母细胞并不分离，就会形成藕节状的假菌丝。

2. 三点接种法与霉菌菌落形态的观察

霉菌的菌落形态是分类鉴定的重要依据。为便于观察，通常用接种针挑取极少量霉菌孢子点接于平板中央，使其形成单个菌落；或在平板上接三点，即在等边三角形的三个顶点上接种，经培养后同一菌种可形成三个重复的单菌落。后一方法称为三点接种法。其优点是不仅可同时获得三个重复菌落，还由于在三个彼此相邻的菌落间会形成一个菌丝生长较稀疏且较透明的狭窄区域，在该区域内的气生菌丝仅分化出子实体器官，所以直接将培养皿放低倍镜下就可观察到子实体的形态特征，从而省略了制片的麻烦，并避免了由于制片而破坏子实体自然着生状态的弊端。

3. 微培养

微培养是研究丝状真菌、放线菌等微生物生长繁殖全过程的有效方法。其基本原理是将丝状菌的孢子（或菌体）接种在载玻片的小块薄层培养基上，并盖上盖玻片，且轻压，使接种后的琼脂块成薄圆片状，造成一个让微生物仅能在载玻片和盖玻片的狭窄空间内横向伸展的生镜。因而在培养过程中，可随时用光学显微镜观察孢子的萌发、菌丝的生长及孢子的形成等各阶段，亦不会因观察而造成培养标本片的污染。用此法制备的镜检标本其视野清晰，形态逼真，是光学显微镜摄影之好材料。

4. 插片法培养放线菌

放线菌是抗生素的最重要产生菌，其形态特征是菌种选育和分类的重要依据。插片法原理是：在接种过放线菌的琼脂平板上，插上盖玻片或在平板上开槽后再搭上盖玻片，使放线菌的菌丝体沿着培养基与盖玻片的交界线上生长、蔓延，从而附着在盖玻片上。待培养物成熟轻轻取出盖玻片，就能获得放线菌在自然生长状态下的标本。若将其置于载玻片上即可镜检观察到放线菌的个体形态特征。

5. 盖片法培养假丝酵母

假丝酵母是以菌体细胞接种，因菌体细胞较湿黏而不易分散，应先加培养基，使其凝固后再将菌体接种到表面，然后盖上盖玻片。

三、实验器材

1. 菌种

黑根霉、产黄青霉、曲霉、放线菌（链霉菌）、酵母菌各培养物。

2. 培养基

（1）马铃薯葡萄糖培养基（PDA）
马铃薯 200g/L，葡萄糖 20g/L，琼脂 15～20g/L，pH 7.0～7.2。
（2）高氏1号培养基
可溶性淀粉 20g/L，NaCl 0.5g/L，KNO_3 1g/L，$K_2HPO_4 \cdot 3H_2O$ 0.5g/L，$MgSO_4 \cdot 7H_2O$ 0.5g/L，$FeSO_4 \cdot 7H_2O$ 0.01g/L，琼脂 20g/L，pH 7.4～7.6。
（3）葡萄糖天门冬素培养基
葡萄糖 10.0g/L，天门冬素 0.5g/L，磷酸氢二钾 0.5g/L，pH 值 7.2～7.4。

3. 溶液与试剂

乳酚油溶液、亚甲蓝染液、生理盐水等。

4. 仪器设备

光学显微镜等。

5. 其他材料

接种针、接种环、接种耳、酒精灯、载玻片、盖玻片、吸管、擦镜纸、尖头镊子等。

四、实验内容

1. 放线菌的形态观察

（1）肉眼观察

取放线菌的培养皿培养物，仔细观察菌落（即孢子堆）的颜色、基内菌丝（即菌落反面）的颜色、可溶性色素（即渗入培养基内的）的颜色、菌落表面的形状（崎岖、褶皱或平滑，有无同心环）、菌落的大小，最后用接种耳去触试菌落的硬度。

（2）光学显微镜观察

观察孢子丝（插片法）：将放线菌接种到含葡萄糖天门冬素培养基的培养皿中，用刮刀刮均匀。用插片法把无菌载玻片斜插在琼脂内，置于 28℃温度箱内培养 7～10 天。取出插片法采用的载玻片，在高倍镜下观察，注意孢子丝的形状（直形、波曲形或螺旋形）、是否轮生。

观察孢子（盖片法）：用一片盖玻片在链霉菌菌落表面轻轻按一下，即成印片。在载玻片上放一滴亚甲蓝染液。将印孢子的盖玻片直接放在亚甲蓝染液上，使孢子着色，用吸水纸吸取多余的染液，用油镜观察孢子的形状，记录观察到的孢子丝及孢子的各种性状。

2. 酵母菌的形态观察

（1）肉眼观察

取酵母的培养皿培养物及斜面培养物，仔细观察菌落的颜色、透明度、隆起情况、大小。记录你所观察到的结果，与细菌菌落加以比较。

（2）光学显微镜观察

取清洁载玻片一块，滴上一滴生理盐水。用接种耳取酵母斜面培养物少许，放在生理盐水中轻轻混匀。盖上清洁盖玻片一块，注意不要产生气泡。置于低倍镜、高倍镜下观察，注意细胞的形态、大小、有无芽体，绘制细胞图。

有些酵母菌能形成假菌丝，取下上述盖玻片，在清洁的载玻片上滴一滴生理盐水，盖上上述盖玻片，把带菌的一面贴在载玻片上，高倍镜下观察是否形成假菌丝。

3. 霉菌的形态观察

（1）肉眼观察

取黑根霉、产黄青霉、曲霉的培养物各一皿，仔细观察菌落的颜色、质地，用接种耳触其坚度，与放线菌菌落加以比较。记录观察结果。

（2）光学显微镜观察

在载玻片中央滴一滴乳酚油。用尖头镊子从黑根霉菌菌落边缘取出一小块很薄的带菌丝的培养基，放在载玻片上的乳酚油中。加盖玻片用低倍镜、高倍镜观察。用同样方法观察产黄青霉、曲霉。分别绘出三种霉菌的结构图。

五、注意事项

1. 三点接种时应使平板尽量垂直于桌面，以防接种针上的孢子散落到平板的其他区域或空气中的微生物落到培养基上引起污染；接种时接种针要垂直于平板，轻点一下即可，切勿刺破培养基。

2. 在微培养时，要加入适量培养基和水，接种菌量宜少。同时，盖玻片和载玻片间的空间宜窄，但不可无缝隙，尽量使微生物能在狭窄空间里水平生长，利于观察。

3. 放线菌的生长速度较慢，培养期较长，在操作中应特别注意无菌操作，严防杂菌污染。

六、实验结果

1. 记录三类菌的基本菌落形态，填写表 1-1。

表 1-1　三类菌的基本菌落形态

菌类	菌名	菌落描述					
		表面	边缘	隆起形状	颜色		透明度
					正面	反面	
酵母菌							
放线菌							
霉菌							

2. 三类菌的基本细胞形态观察，填写表 1-2。

表 1-2　三类菌的基本细胞形态观察

菌类	菌名	形状	菌丝	隔膜	假根	匍匐菌丝	孢子器	孢子
酵母菌								
放线菌								
霉菌								

3.绘制光学显微镜下观察到的各类菌形态和结构。

七、思考题

1.在高倍镜或油镜下如何区分放线菌的基内菌丝和气生菌丝？

2.比较假丝酵母与啤酒酵母形态的异同。

实验 5

微生物的接种

一、实验目的

1.了解学习灭菌操作技术，建立无菌操作概念。

2.掌握斜面接种技术。

二、实验原理

接种是微生物实验及科学研究中的一项最基本的操作技术。无论微生物的分离、培养、纯化或鉴定以及有关微生物的形态观察及生理研究都必须进行接种。接种就是在灭菌条件下，用接种工具（针、环）从一支原菌种中挑取少许菌体，接入到另一支新的培养基上进行扩大培养的技术。

接种方法有斜面接种、液体接种、平板接种、穿刺接种等。在接种过程中，为了确保纯种不被杂菌污染，必须采用严格的无菌操作。通常接种都应在空气经过消毒灭菌过的接种室、接种箱或净化工作台内进行。

三、实验器材

1. 菌种

苏云金杆菌（*Bacillus thuringiensis*）斜面菌种。

2. 培养基

牛肉膏蛋白胨斜面培养基。

3. 溶液与试剂

75％酒精或新洁尔灭等。

4. 仪器设备

高压蒸汽灭菌锅、恒温培养箱、净化工作台等。

5. 其他材料

接种针、接种环、酒精灯、试管、移液管等。

四、实验内容

（一）准备工作

1. 接种或接种室使用前半天先擦洗干净，然后每立方米体积用 5～10mL 甲醛盛在容器中加热熏蒸或者将 1/10 的甲醛加入高锰酸钾，盛于容器中不用加热，亦可进行熏蒸；也可用 5％的石炭酸喷雾灭菌；用紫外灯照射 20～30min。把接种时所需的用具（如接种针、酒精灯等）及培养基放入接种箱（室）一起灭菌消毒。超净工作台要预先通风，紫外线照射 30min 方可使用。

2. 进入接种室前先把手洗净，再用 75％酒精或新洁尔灭擦双手，菌种试管表面同样要用酒精抹擦后才放入接种室（箱）内。

（二）接种技术

1. 斜面菌种接种技术（从斜面培养基上的菌种接种至另一新的斜面培养基上的方法，图 1-4）。

（1）准备工作就绪后，点燃酒精灯。

（2）将菌种和斜面培养基的两支试管用大拇指和其他四指握在左手中，使中指位于两试管之间的部分，斜面向上，并使它们位于水平位置，也可将试管放在左手掌中，用手指托住试管。

（3）先将棉塞用右手拧转松动，便于接种时拔出。

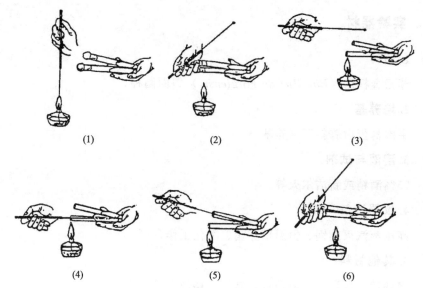

图 1-4　斜面接种时的无菌操作

(1) —接种灭菌；(2) —开启棉塞；(3) —管口灭菌；(4) —挑取菌苔；(5) —接种；(6) —塞紧棉塞

　　(4) 右手拿接种环（拿的方法就和拿钢笔一样），在火焰上将环的部分烧红灭菌。环以上凡是在接种时可能进入试管的部分，均应用火烧过。

　　以下操作都要把试管口靠近火焰旁进行。

　　(5) 用右手小指、无名指和手掌拔掉棉塞。

　　(6) 用火焰灼烧管口，灼烧时应不断转动试管口（靠手腕的动作，使试管口沾染的小量菌得以烧死）。

　　(7) 将烧过的接种针（环）触动没有长菌的培养基部分，使其冷却，以免烫死被接种的菌体，然后轻轻接触菌体，取出少许，慢慢将接种针（环）抽出试管。

　　(8) 迅速将接种针（环）在火焰旁无菌区伸进另一试管，在培养基斜面上轻轻划线，在上面接种细菌，划线时要由底部划到顶部，由下而上。划线可划之字形，或划几条直线，但都不要把培养基划破，也不要使菌种沾污管壁。

　　(9) 将接种针（环）抽出，灼烧试管口，并在火焰旁将棉塞塞上。塞棉塞时，不要用试管去迎棉塞，以免试管在运动时纳入不洁空气。

　　(10) 把接种针（环）在火焰上再灼烧灭菌，放下接种针（环）后，再腾出手来将棉塞塞紧。

　　(11) 全部培养基接种完毕后，要将试管斜面培养基包扎好，并标明接种人姓名、接种时间和菌种名称，整理好接种室（箱）的台面。

2.液体接种技术（由斜面菌接入液体培养基内或液体菌种接入液体培养基）。

（1）准备工作和操作方法与前相同，但可使试管向上略斜，以免培养液流出。

（2）将取得菌种的接种环送入液体培养基时，可使环在液体表面与管壁接触的部分轻轻摩擦。接种后塞棉塞，将试管在手掌中轻轻摇动，使菌体在培养基中分散开来。

（3）由液体菌种接种液体培养基时，接种用无菌滴管或移液管，接种量通常为培养液体积的1/10。无菌操作的注意事项与前相同，只是移液管不同于接种针，系由玻璃做成，它不能在火焰上灼烧，接种前在火焰上迅速通过一两次即可。

3.穿刺接种技术（深层柱状固体培养基的接种技术，图1-5）。

（1）取两支新鲜半固体牛肉膏蛋白胨深层柱状培养基，做好标记（写上菌种名、接种日期和接种人等）。

（2）用接种针沾取少量待接菌种，然后从柱状培养基的表面中心穿入其底部（但不要穿透），然后沿原刺入路线抽出接种针，注意接种针不要移动。以上接好种的材料置于30℃下培养24～48h。

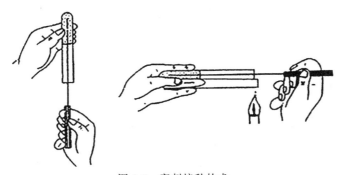

图1-5　穿刺接种技术

五、注意事项

1.菌种取出后，接种针（环）不要通过火焰，以免烧死菌体。

2.斜面接种时，不要使接种针（环）碰到管壁，不要划破培养基，但也不能在试管空间划，一定要接触到斜面表面上进行划线接种。

3.接种前的准备和接种过程都要遵循无菌操作。

六、实验结果

培养后取出试管，观察划线接种效果、菌种生长情况，检查是否有杂菌生长，评价无菌操作的效果。

七、思考题

微生物接种时，通过哪些措施可防止杂菌污染？

实验 6

微生物的分离、纯化和接种

一、实验目的

1.掌握梯度稀释平板法分离纯种微生物的原理、方法。
2.掌握常规的接种技术。
3.建立无菌操作意识。

二、实验原理

土样或活性污泥中含有的微生物数量很多，而且聚集在一起。经过无菌水的梯度稀释可以将微生物充分分散，成单个细胞，涂布到固体平板上，长成单菌落。一个单菌落对应于原土样（或活性污泥）中的一个微生物，乘以相应的稀释倍数可以计算出土样的微生物浓度；将单菌落进一步划线纯化可分离到纯种微生物。

三、实验器材

1. 材料来源

土样（或活性污泥）、灭菌的固体培养基。

2. 仪器设备

高压蒸汽灭菌锅、净化工作台、恒温培养箱等。

3. 其他材料

无菌吸管、无菌培养皿、无菌移液管、无菌水、锥形瓶、试管等。

四、实验内容

1. 梯度稀释平板法

（1）制备土壤（或活性污泥）稀释液

准确称取土样 10g 或活性污泥 10mL，加入装有 90mL 无菌水并带有玻璃珠的锥形瓶中，振荡约 20min，使土样与水充分混匀，将细胞分散。用一支无菌吸管从中吸取 1mL 土壤或活性污泥悬液加入装有 9mL 无菌水的试管中，吹吸 3 次，让菌液混合均匀，即成 10^{-2} 稀释液；再换一支无菌吸管吸取 10^{-2} 稀释液 1mL，移入装有 9mL 无菌水的试管中，也吹吸 3 次，即成 10^{-3} 稀释液；依此类推，连续稀释，制成一系列 10 倍稀释菌液。如图 1-6 所示。

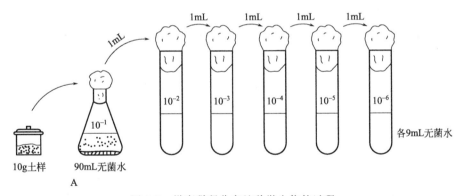

图 1-6 梯度稀释分离纯种微生物的过程

（2）加菌

将无菌培养皿编上 10^{-4}、10^{-5}、10^{-6} 稀释度对应的号码，每一稀释度设置三个重复。用无菌吸管按无菌操作要求吸取 10^{-6} 稀释液各 1mL 放入编号 10^{-6} 的 3 个培养皿中，同法吸取 10^{-5} 稀释液各 1mL 放入编号 10^{-5} 的 3 个培养皿中，再吸取 10^{-4} 稀释液各 1mL 放入编号 10^{-4} 的 3 个培养皿中（由低浓度向高浓度时，吸管可不必更换）。

（3）倒平板

上述操作的同时，将培养基加热熔化，再冷却到 40～50℃，倾注 10～15mL 培养基加入到已含有菌液的培养皿内（2～3mm 厚）。迅速盖上皿盖，平放在工作台上，轻轻转动，使培养基和稀释的菌液充分混合均匀，冷却后，即制成平板。

（4）培养

将培养皿倒置，放于 30℃恒温培养箱中培养 24～36h，观察结果。

2. 平板划线

图 1-7　平板划线

平板划线的主要目的是长出单菌落，得到纯培养。在无菌操作下将熔化的培养基倒入无菌的空培养皿中。接种环在火焰上彻底杀菌并冷却后，蘸取少量菌种，在平板表面轻轻地划线（如图 1-7），使得初始聚集在一起的细胞渐渐稀释，最后由单个分散的细胞，长出单菌落，达到分离纯化的目的。将划好线的培养皿倒置于 30℃恒温培养箱中培养 24～36h，观察结果。

3. 斜面接种

（1）在待接种的斜面培养基的试管上部，贴上标签，写上菌名、接种日期等。

（2）将一支斜面菌种和一支待接种的斜面培养基放在左手上，拇指压住两支试管，中指位于两支试管之间，斜面向上，管口齐平。

（3）右手先将棉塞松动，以便接种时拔出。右手拿接种环，将接种环可能进入试管的部分在火焰上灼烧灭菌。

（4）在火焰旁，用右手小指、无名指和手掌夹住棉塞将它拔出。试管口在火焰上微烧一周，将管口上可能沾染的少量菌烧掉。将烧过的接种环伸入菌种管内，先触及没长菌的培养基使环冷却，然后轻轻挑取少许菌种，将接种环抽出管外迅速伸入另一试管底部，在斜面上由底部向上划曲线。抽出接种环，将试管塞上棉塞，最后再次灼烧接种环，则接种完毕。

五、实验结果

1. 记录梯度稀释平板法得到的每个平板的菌落数。

2. 拍照记录平板划线结果。

3. 记录斜面接种获得菌株的数量。

六、思考题

1. 梯度稀释平板法分离纯种微生物的方法和原理是什么?
2. 平板培养皿为什么要倒置培养?

实验 7

微生物大小及数量的测定

一、实验目的

1. 学习并掌握使用显微测微尺测定微生物大小的方法。
2. 掌握对不同形态细菌细胞大小测定的分类学基本要求,增强对微生物细胞大小的感性认识。
3. 学习并掌握使用血细胞计数板测定微生物细胞或孢子数量的方法。

二、实验原理

1. 测微尺

微生物大小的测定,需要借助于显微测微尺,它包括目镜测微尺和镜台测微尺两个互相配合使用的部件 (图 1-8)。

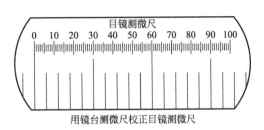

镜台测微尺中央部分　　　　　　用镜台测微尺校正目镜测微尺

图 1-8　测微尺的构造

镜台测微尺是一个在特制载玻片中央封固的标准刻尺，其尺度总长为1mm，精确分为10个大格，每个大格又分为10个小格，共100个小格，每个小格长度为10μm。刻线外有一直径为φ3，粗线为0.1mm的圆，以便调焦时寻找线条。刻线上还覆盖有厚度为0.17mm的盖玻片，可保护刻线久用而不受损伤。镜台测微尺并不直接用来测量细胞的大小，而是用于校正目镜测微尺每一格的相对长度。

目镜测微尺是一块可放入接目镜内的圆形小玻片，其中央有精确的等分刻度，一般有等分为50个小格和100个小格两种。测量时，需将其放在接目镜中的隔板上，用以测量经光学显微镜放大后的细胞物像。由于不同光学显微镜或不同的目镜和物镜组合放大倍数不一样，目镜测微尺每小格在不同条件下所代表的实际长度也不一样。因此，用目镜测微尺测量微生物大小时，必须先用镜台测微尺进行校正，以求出该光学显微镜在一定放大倍数的目镜和物镜下，目镜测微尺每小格所代表的相对长度。然后根据微生物细胞相当于目镜测微尺的格数，即可计算出细胞的实际大小。球菌用直径表示大小，杆菌用长和宽来表示大小。

2. 光学显微镜计数

光学显微镜计数是将少量待测样品的悬浮液置于一种特定的具有确定容积的载玻片上（又称计菌器），于光学显微镜下直接观察、计数的方法。目前国内外常用的计菌器有：血细胞计数板、Peteroff-Hauser计菌器以及Hawksley计菌器等。它们可用于各种微生物单细胞（孢子）悬液的计数，基本原理相同。其中血细胞计数板较厚，不能用油镜，常用于个体相对较大的酵母细胞、霉菌孢子等的计数，而后两种计菌器较薄，可用油镜对细菌等较小的细胞进行观察和计数。除了使用上述这些计菌器外，还有用已知颗粒浓度的样品如血液与未知浓度的微生物细胞样品混合后根据比例推算后者浓度的比例计数法。光学显微镜计数法的优点是直观、快速、操作简单，缺点则是所测得的结果通常是死菌体和活菌体的总和，且难以对运动性强的活菌进行计数。目前已有一些方法可以克服这些缺点，如结合活菌染色、微室培养以及加细胞分裂抑制剂等方法来达到只计数活菌体的目的，或用染色处理等杀死细胞以计数运动性细菌等。本实验以常用的血细胞计数板为例对显微计数法的具体操作进行介绍（图1-9）。

血细胞计数板是一块特制的载玻片，其上由4条槽构成3个平台。中央较宽的平台又被一短槽横隔成两半，每一边的平台上各刻有一个方格网，每个方格网共分成9个大方格，中间的大方格即为计数室。计数室的刻度一般

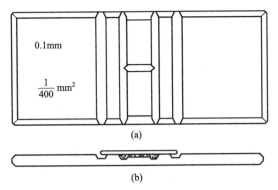

（a）

（b）

图1-9 血细胞计数板的构造

有两种规格：一种是一个大方格分为25个中方格，而每个中方格又分为16个小方格；另一种是一个大方格分为16个中方格，而每个中方格又分为25个小方格。但无论哪一种规格的计数板，每一个大方格中的小方格数都是400个。每一个大方格边长为1mm，则每一个大方格的面积为1mm^2，盖上盖玻片后，盖玻片与载玻片之间的高度为0.1mm，所以计数室的容积为0.1mm^3（图1-10）。

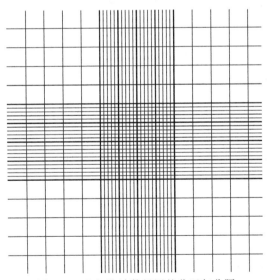

图1-10 血细胞计数板网的分区与分隔

计数时，通常数5个中方格的总菌数，然后求得每个中方格的平均值，再乘以25或16，就得出一个大方格中的总菌数，然后再换算成1mL菌液中的总菌数。以25个中方格的计数板为例，设5个中方格中的总菌数为A，

菌液稀释倍数为 B，则：$1mL$ 菌液中的总菌数 $=A\div5\times25\times10^{4}\times B$。

3. 菌种的选取

微生物细胞的大小是微生物基本的形态特征，也是分类鉴定的依据之一。从分类角度来说，对不同形态微生物细胞大小的测量有不同的要求。例如，球菌是用直径范围表示其大小，杆菌和螺菌则是用细胞的宽度和长度的范围来表示，但杆菌测量的是细胞的直接长度，而螺菌测量的是菌体两端的距离而非细胞实际长度。一般来说，同一种类不同个体的细菌细胞直径（宽度）的变化范围较小，分类学指标价值更大，而长度相对来说变化范围较大。

光学显微镜直接计数法适宜对能在液体中均匀分散的微生物细胞或孢子的数量进行直接计数。通常使用的血细胞计数板不适合使用油镜，因此采用个体较大的细胞或孢子作为计数材料，以保证实验的观察效果。

三、实验器材

1. 菌种

枯草芽孢杆菌（*Bacillus subtilis*）、酿酒酵母（*Saccharomyces cerevisiae*）。

2. 溶液与试剂

香柏油、二甲苯、亚甲蓝染液等。

3. 仪器设备

光学显微镜。

4. 其他材料

目镜测微尺、镜台测微尺、擦镜纸、软布、血细胞计数板、凹载玻片、盖玻片、接种环、酒精灯、试管、吸管、微量移液器、毛细滴管、镊子、光学显微镜等。

四、实验内容

（一）菌体大小的测定

1. 目镜测微尺的安装

取出目镜测微尺，把目镜上的透镜旋下，将目镜测微尺刻度朝下放在目镜筒内的隔板上，然后旋上目镜透镜，再将目镜插回镜筒内。

双目镜光学显微镜的左目镜通常配有屈光度调节环，不能取下，因此使用双目镜光学显微镜时目镜测微尺一般都安装在右目镜中。

2. 校正目镜测微尺

将镜台测微尺刻度面朝上放在光学显微镜载物台上。先用低倍镜观察，将镜台测微尺有刻度的部分移至视野中央，调节焦距，当清晰地看到镜台测微尺的刻度后，转动目镜使目镜测微尺的刻度与镜台测微尺的刻度平行。利用推进器移动镜台测微尺，使两尺在某一区域内两线完全重合，然后分别数出两重合线之间镜台测微尺和目镜测微尺所占的格数。

用同样的方法换成高倍光学显微镜和油镜进行校正，分别测出在高倍镜和油镜下，两重合线之间两尺分别所占的格数。

已知镜台测微尺每格长 $10\mu m$，根据下列公式即可分别计算出在不同放大倍数下，目镜测微尺每格所代表的长度。

$$目镜测微尺每格长度（\mu m）= \frac{两重合线间镜台测微尺所占格数 \times 10}{两重合线目镜测微尺所占格数}$$

3. 菌体大小测定

目镜测微尺校正完毕后，取下镜台测微尺，换上细菌染色制片。先用低倍镜和高倍镜找到标本后，换油镜测定酿酒酵母的直径和枯草芽孢杆菌的宽度和长度。测定时，通过转动目镜测微尺和移动载玻片，测出细菌直径或宽和长所占目镜测微尺的格数。最后将所测得的格数乘以目镜测微尺每格所代表的长度，即为该菌的实际大小。

值得注意的是，和动植物一样，同一种群中的不同细菌细胞之间也存在个体差异，因此在测定每一种细菌细胞的大小时应至少随机选择 10 个细胞进行测量，然后计算平均值。

4. 测定完毕

测量完毕后取出目镜测微尺，将接目镜放回镜筒，再将目镜测微尺和镜台测微尺分别用擦镜纸擦干净，放回盒内保存。

（二）光学显微镜计数

1. 菌悬液稀释

按照实验所需倍数稀释菌悬液，本实验将酿酒酵母稀释了 20 倍，得到适合计数的菌悬液。

2. 检查血细胞计数板

在加样前，应先对血细胞计数板的计数室进行镜检。若有污物，可用自来水冲洗，再用 95％的乙醇棉球轻轻擦洗，然后用吸水纸吸干或用电吹风吹干。

计数板上的计数室的刻度非常精细，清洗时切勿使用刷子等硬物，也不可用酒精灯火焰烘烤计数板。

3. 加样品

将清洁干燥的血细胞计数板盖上盖玻片，再用无菌的毛细滴管将摇匀的酿酒酵母菌悬液由盖玻片边缘滴一小滴，让菌液沿缝隙靠毛细渗透作用自动进入计数室，再用镊子轻压盖玻片，以免因菌液过多将盖玻片顶起而改变了计数室的容积。加样后静置 5min，使细胞或孢子自然沉降。取样时先要摇匀菌液，加样时计数室不可有气泡产生。

4. 采用光学显微镜计数

将加有样品的血细胞计数板置于光学显微镜载物台上，先用低倍镜找到计数室所在位置，然后换成高倍镜进行计数。若发现菌液太浓或太稀，需重新调节稀释度后再计数。一般样品稀释度要求每小格内有 5～10 个菌体为宜。每个计数室选 5 个中格（可选 4 个角和中央的 1 个）中的菌体进行计数。位于格线上的菌体一般只数上方或右边线上的。如遇酵母出芽，芽体大小达到母细胞的一半时，即作为两个菌体计数。计数一个样品要从两个计数室中计得的平均数值来计算样品的含菌量。

5. 清洗

使用完毕后，将血细胞计数板及盖玻片按前面介绍的程序进行清洗、干燥，放回盒中，以备下次使用。

五、注意事项

1. 微生物大小测定观察时，光线不宜过强，否则难以找到镜台测微尺的刻度；换高倍镜和油镜校正时，务必十分细心，防止接物镜压坏镜台测微尺和损坏镜头。

2. 使用镜台测微尺进行校正时，若一时无法直接找到测微尺，可先对测微尺外的圆圈线进行准焦后再通过移动标本推进器进行寻找。

3. 细菌个体微小，在进行细胞大小测定时一般应尽量使用油镜，以减少误差。

4. 细菌在不同的生长时期细胞大小有时会有较大变化，若需自己制样进行细胞大小测定时，应注意选择处于对数生长期的菌体细胞材料。

5. 活细胞是透明的，因此在进行显微计数或悬滴法观察时均应适当减低视野宽度，以增大反差。

6.进行显微计数时应先在低倍镜下寻找大方格的位置，找到计数室后将其移至视野中央，再换高倍镜观察和计数。

六、实验结果

将实验结果填入表 1-3、表 1-4、表 1-5、表 1-6。

表 1-3　目镜测微尺的标定结果

物镜	物镜倍数	目镜测微尺格数	镜台测微尺格数	目镜测微尺每格代表的长度/μm
低倍镜				
高倍镜				
油镜				

表 1-4　酵母菌大小的测定

组别	1	2	3	平均值
长度/μm				

表 1-5　枯草芽孢杆菌大小的测定

组别	1	2	3	平均值
宽度/μm				
长度/μm				

表 1-6　酵母菌数量的测定

实验次数	各中格中菌数/(个/mL)	总菌数/(个/mL)	稀释倍数	平均值/(个/mL)	菌数/(个/mL)
1					
2					
3					

七、思考题

1.为什么更换不同放大倍数的目镜或物镜时，必须用镜台测微尺重新对目镜测微尺进行校正？

2.不改变目镜和目镜测微尺，而改用不同放大倍数的物镜来测定同一细菌的大小时，其测定结果是否相同？为什么？

实验 8

微生物平板菌落计数

一、实验目的

1. 学习平板菌落计数的基本原理。

2. 掌握平板菌落计数的方法。

二、实验原理

平板菌落计数法是将待测样品经适当稀释之后,其中的微生物充分分散成单个细胞,取一定量的稀释样液接种到平板上,经过培养,由每个单细胞生长繁殖而形成肉眼可见的菌落,即一个单菌落应代表原样品中的一个单细胞。统计菌落数,根据其稀释倍数和取样接种量即可换算出样品中的含菌数。但是,由于待测样品往往不易完全分散成单个细胞,所以,长成的一个单菌落也可能来自样品中的 2~3 个或更多个细胞,因此平板菌落计数的结果往往偏低。为了清楚地阐述平板菌落计数的结果,可使用菌落形成单位(CFU)表示样品的活菌含量。

平板菌落计数法虽然操作较烦琐,结果需要培养一段时间才能取得,而且测定结果易受多种因素的影响,但是该计数方法的最大优点是可以获得活菌的信息,所以被广泛用于生物制品检验(如活菌制剂),以及食品、饮料和水(包括水源)等的含菌指数或污染程度的检测。

三、实验器材

1. 菌种

大肠杆菌(*Escherichia coli*)。

2. LB 培养基

胰蛋白胨 10g/L,酵母提取物 5g/L,氯化钠 10g/L,pH 7.4。

3. 仪器设备

恒温培养箱、净化工作台等。

4.其他材料

吸管、培养皿、试管、涂布棒、无菌刮铲等。

四、实验内容

1.编号

取无菌培养皿9套，分别用记号笔标明10^{-4}、10^{-5}、10^{-6}（稀释度），每一稀释度各3套。另取6支盛有4.5mL无菌水的试管，依次标记10^{-1}、10^{-2}、10^{-3}、10^{-4}、10^{-5}、10^{-6}。

2.稀释

用1mL无菌吸管吸取1mL已充分混匀的大肠杆菌菌悬液（待测样品），精确地滴加0.5mL至10^{-1}的试管中，此即为10倍稀释，将多余的菌液放回原菌液中。将10^{-1}试管置试管振荡器上振荡，使菌液充分混匀。另取一支1mL吸管插入10^{-1}试管中来回吹吸菌悬液三次，进一步将菌体分散、混匀。用此吸管吸取10^{-1}菌液1mL，精确地滴加0.5mL至10^{-2}试管中，此即为10^{-2}稀释液，其余依次类推。

3.倒平板法

（1）取样

用三支1mL无菌吸管分别吸取10^{-4}、10^{-5}和10^{-6}的稀释菌悬液各1mL，对号加入编好号的无菌培养皿中，每个培养皿滴加0.2mL。

（2）倒平板法

尽快向上述盛有不同稀释度菌液的培养皿中倒入熔化后冷却至45℃左右的LB培养基，一培养皿约15mL，置水平位置迅速旋动培养皿，使培养基与菌液混合均匀，而又不使培养基荡出培养皿或溅到培养皿盖上。待培养基凝固后，将平板倒置于37℃恒温培养箱中培养。

（3）涂布平板计数法

涂布平板计数法与倒平板法基本相同，所不同的是先将培养基熔化后趁热倒入无菌平板中，待凝固后编号，然后用无菌吸管吸取0.1mL菌液对号接种在不同稀释度编号的琼脂平板上（每个编号设三个重复）。再用无菌刮铲将菌液在平板上涂抹均匀，每个稀释度用一个无菌刮铲，更换稀释度时需将刮铲灼烧灭菌。在由低浓度向高浓度涂布时，也可以不更换刮铲。将涂抹好的平板平放于桌上20～30min，使菌液渗透入培养基内，然后将平板倒转，保温培养，至长出菌落后即可计数。

（4）计数

培养 48h 后，取出培养平板，算出同一稀释度三个平板上的菌落平均数。一般三个连续稀释度中的第二个稀释度倒平板培养后，所出现的平均菌落数在 50 个左右为好，否则要适当增加或减少稀释度加以调整。

每 mL 中菌落形成单位（CFU）＝同一稀释度三次重复的平均菌落数×稀释倍数×5

一般选择每个平板上长有 30～300 个菌落的稀释度计算每 mL 的含菌量较为合适，同一稀释度的三个重复对照的菌落数不应相差很大，否则表示试验不精确。实际工作中，同一稀释度对照平板不能少于三个，这样便于数据统计，减少误差。由 10^{-4}、10^{-5}、10^{-6} 三个稀释度计算出的每 mL 菌液中菌落形成单位数也不应相差太大。

五、注意事项

1.吹吸菌液时不要太猛太快，吸时吸管伸入管底，吹时离开液面，以免将吸管中的过滤棉花浸湿或使试管内液体外溢。

2.滴加菌液时吸管不要碰到液面，即每一支吸管只能接触一个稀释度的菌悬液，否则稀释不精确，结果误差较大。

3.由于细菌易吸附到玻璃器皿表面，所以菌液加入到培养皿后，应尽快倒入熔化并已冷却至 45℃左右的培养基，立即摇匀，否则细菌将不易分散或长成的菌落连在一起，影响计数。

六、实验结果

将培养后菌落计数结果填入表 1-7。

表 1-7　菌落计数结果

稀释度	10^{-4}	10^{-5}	10^{-6}
平均平板菌落数/CFU			
每 mL 中菌落数/CFU			

七、思考题

1.为什么熔化后的培养基要冷却至 45℃左右才能倒平板？

2.要使平板菌落计数准确，需要掌握哪几个关键？为什么？

3.试比较平板菌落计数法和光学显微镜下直接计数法的优缺点及应用。

4.当你的平板上长出的菌落不是均匀分散的而是集中在一起时，你认为问题出在哪里？

5.用倒平板法和涂布平板计数法，其平板上长出的菌落有何不同？为什么要培养较长时间（48h）后观察结果？

实验 9

细菌生长曲线的测定

一、实验目的

1.了解细菌生长曲线的特点及测定原理。

2.学会用比浊法测定细菌的生长曲线。

二、实验原理

将一定数量的细菌，接种于适宜的液体培养基中，在适温下培养，定时取样测数，以菌数的对数为纵坐标，生长时间为横坐标，作出的曲线称为生长曲线。该曲线表明细菌在一定的环境条件下群体生长与繁殖的规律。一般分为延缓期、对数期、稳定期及衰亡期四个时期，各时期的长短同菌种本身特征、培养基成分和培养条件不同而异。

比浊法是根据细菌悬液细胞数与混浊度成正比，与透光度成反比关系，利用分光光度计测定细胞悬液的光密度（即 OD 值），并将所测得的 OD 值与其对应的培养时间作图，即可绘制出该菌在一定条件下的生长曲线，用于表示该菌在本实验条件下的相对生长量。

三、实验器材

1.菌种

大肠杆菌（*Escherichia coli*）。

2. 培养基

牛肉膏蛋白胨培养基：牛肉膏 5g/L，蛋白胨 10g/L，NaCl 5g/L，琼脂 20g/L，pH 7.2～7.4。

牛肉膏蛋白胨培养液：以上配方去除琼脂。

3. 仪器设备

恒温培养箱、恒温摇床、净化工作台、721 型分光光度计、高压蒸汽灭菌锅等。

4. 其他材料

吸管、试管架、比色皿、锥形瓶等。

四、实验内容

1. 种子液制备

取大肠杆菌斜面菌种 1 支，以无菌操作挑取 1 环菌苔，接入牛肉膏蛋白胨培养液中，静置培养 18h 做种子培养液。

2. 接种

取盛有 50mL 无菌牛肉膏蛋白胨培养液的 250mL 锥形瓶 12 个，贴上标签（注明菌名、培养处理、培养时间、组号）。按无菌操作法用吸管向每瓶中准确加入 2mL 的大肠杆菌种子液，接种后，轻轻摇荡，使菌体混匀。另取一支不接种的培养管注明对照。

3. 培养

将接种后的锥形瓶置于恒温摇床上，在 37℃下振荡培养，分别于培养 0h、1.5h、3h、4h、6h、8h、10h、12h、14h、16h、20h 后取出，放 4℃冰箱待测。

4. OD 值测定

将对照及不同时间取出的培养液倾倒入比色皿中，用分光光度计在 600nm 波长下进行测定。对浓度较大的可适当稀释，使其 OD 值在 0.10～0.65，稀释后测得的 OD 值要乘以稀释倍数。

5. 绘制曲线

以细菌悬液的光密度值（OD）为纵坐标，培养时间为横坐标，绘制生长曲线。

五、注意事项

1.测定 OD 值时，要从低浓度到高浓度测定。

2.培养时间要严格控制，定时取出。

六、实验结果

1.将测定的 OD_{600} 值填入表 1-8。

表 1-8 OD_{600} 值

培养时间/h	对照	0	1.5	3	4	6	8	10	12	14	16	20
光密度值（OD_{600}）												

2.以菌悬液 OD 值为纵坐标，培养时间为横坐标，绘出大肠杆菌培养的生长曲线。

七、思考题

1.细菌生长繁殖所经历的四个时期中，哪个时期其代时最短？

2.次生代谢产物的大量积累在哪个时期？根据细菌生长繁殖的规律，采用哪些措施可使次生代谢产物积累更多？

实验 10

菌种的保藏

一、目的要求

1.学习与比较几种菌种保藏的方法。

2.掌握几种常用的菌种保藏方法。

二、基本原理

微生物具有容易变异的特性，因此，在保藏过程中，必须使微生物的代谢处于最不活跃或相对静止的状态，才能在一定的时间内使其不发生变异而又保持生活能力。低温、干燥和隔绝空气是使微生物代谢能力降低的重要因素，所以，菌种保藏方法虽多，但都是根据这三个因素而设计的。保藏方法大致可分为以下几种。

1. 传代培养保藏法

有斜面培养、穿刺培养、疱肉培养基培养等（后者作保藏厌氧细菌用），培养后于4～6℃冰箱内保存。

2. 液体石蜡覆盖保藏法

传代培养的变相方法，能够适当延长保藏时间。它是在斜面培养物和穿刺培养物上面覆盖灭菌的液体石蜡，一方面可防止因培养基水分蒸发而引起菌种死亡，另一方面可阻止氧气进入，以减弱代谢作用。

3. 载体保藏法

将微生物吸附在适当的载体，如土壤、沙子、硅胶、滤纸上，而后进行干燥的保藏法，例如砂土保藏法和滤纸保藏法应用相当广泛。

4. 寄主保藏法

用于目前尚不能在人工培养基上生长的微生物，如病毒、立克次氏体、螺旋体等，它们必须在生活的动物、昆虫、鸡胚内感染并传代，此法相当于一般微生物的传代培养保藏法。病毒等微生物亦可用其他方法如液氮保藏法与冷冻干燥保藏法进行保藏。

5. 冷冻保藏法

可分低温冰箱（−30～−20℃，−80～−50℃）、干冰酒精快速冻结（约−70℃）和液氮（−196℃）等保藏法。

6. 冷冻干燥保藏法

先使微生物在极低温度（−70℃左右）下快速冷冻，然后在减压下利用升华作用除去水分（真空干燥）。

有些方法如滤纸保藏法、液氮保藏法和冷冻干燥保藏法等均需使用保护剂来制备细胞悬液，以防止因冷冻或水分不断升华对细胞造成损害。保护性溶质可通过氢键和离子键对水和细胞产生亲和力来稳定细胞成分的构型。保护剂有牛乳、血清、糖类、甘油、二甲基亚砜等。

三、实验器材

1. 菌种

待保藏的适龄菌种斜面。

2. 溶液与试剂

液体石蜡、河沙、黄土、干冰、95％酒精、2％和10％HCl、无水$CaCl_2$或P_2O_5、脱脂奶粉等。

3. 仪器设备

干燥器、真空泵、喷灯、冰箱、高压蒸汽灭菌锅、恒温培养箱、离心机、低温冰箱、高频电火花器等。

4. 其他材料

吸管、培养皿、管形安瓿管、40目与100目筛子、油纸、滤纸条（0.5cm×1.2cm）、接种针、接种环、试管等。

四、实验内容

（一）斜面保藏

1. 标记试管

取无菌的斜面试管数支，在斜面的正上方距离试管口2～3cm处贴上标签，在标签上写明菌种名称、培养基名称和接种日期。

2. 接种

将待保藏的菌种用接种环以无菌操作在斜面上做划线接种。

3. 培养

细菌置于37℃恒温箱中培养1～2天，酵母菌置于25～28℃培养2～3天，放线菌和霉菌置于28℃培养3～7天。

4. 保藏

斜面长好后，直接放入4℃冰箱中保藏。

（二）半固体穿刺保藏

1. 标记试管

取无菌的半固体培养基等直立柱试管数支，贴上标签，注明菌种名称、培养基名称和接种日期。

2. 穿刺接种

用接种针以无菌方式从待保藏的菌种斜面上挑取菌种，朝直立柱中央直至试管底部接种，然后又沿原路线拉出。

3. 培养

细菌置于 37℃ 恒温箱中培养 1～2 天，酵母菌置于 25～28℃ 培养 2～3 天，放线菌和霉菌置于 28℃ 培养 3～7 天。

4. 保藏

半固体直立柱长好以后，放入 4℃ 冰箱中保藏。

（三）液体石蜡保藏

1. 标记试管

同上述方法。

2. 穿刺接种

同上述方法。

3. 培养

同上述方法。

4. 加液体石蜡

无菌操作将 5mL 无菌液体石蜡加入到培养好的菌苔上面，加入的量以超过斜面或直立柱 1cm 高为宜。

5. 保藏

液体石蜡封存以后，同样放入 4℃ 冰箱中保存，也可直接放在低温干燥处保藏。

（四）砂土管保藏

1. 制作砂土管

选取过 40 目筛的河沙，10% HCl 浸泡 3～4h，再水洗至中性，烘干备用；另取过 100 目筛子的黄土备用。按 1 份土加 4 份沙的比例均匀混合后，装入小试管，装量高度 1cm 左右，塞上棉塞，并标记试管。

2. 灭菌

高压蒸汽灭菌，直至检测无菌为止。

3. 制备菌悬液

取 3mL 无菌水至待保藏的菌种斜面中，用接种环轻轻刮下菌苔，振荡制成菌悬液。

4. 加样

用 1mL 吸管吸取上述菌悬液 0.1mL 至砂土管，再用接种环混匀。

5. 干燥

把装好菌液的砂土管放入以无水 $CaCl_2$ 或 P_2O_5 为干燥剂的干燥器中，用真空泵连续抽气，使之干燥。

6. 保藏

砂土管置于干燥器中室温或 4℃ 冰箱中保藏，也可以用石蜡封住棉塞后置冰箱中保藏。

(五) 冷冻干燥保藏

1. 准备安瓿管

安瓿管先用 2% HCl 浸泡，再水洗多次，烘干。将标签放入安瓿管内，管口塞上棉花，灭菌备用。

2. 制备脱脂牛奶

将脱脂奶粉兑成 20% 的脱脂牛奶，灭菌，并做无菌试验后备用。

3. 制菌悬液

将无菌脱脂牛奶直接加到待保藏的菌种斜面内，用接种环将菌种刮下，轻轻搅拌使其均匀地悬浮在牛奶内成悬浮液。

4. 分装

用无菌长滴管将悬浮液分装入安瓿管底部，每支安瓿管的装量约为 0.9mL（一般装入量为安瓿管球部体积的 1/3）。

5. 预冻

将分装好的安瓿管在 −40～−25℃ 之间的干冰中进行预冻 1h 或在冰箱冷冻室进行预冻。

6. 真空干燥

预冻以后，将安瓿管放入真空泵中，开动真空泵进行干燥。

7. 封管

封管前将安瓿管装入歧管，真空度抽至 1.333Pa 后再用火焰熔封，封好后，用高频电火花器检查各安瓿管的真空情况。如果管内呈现灰蓝色光，证明保持着真空。检查时高频电火花器应射向安瓿管的上半部。

8. 保藏

安瓿管放置在低温避光处保藏。

9. 活化

如果要从中取出菌种恢复培养，可先用 75％酒精将管的外壁消毒，然后将安瓿管上部在火焰上烧热，再滴几滴无菌水，使管子破裂。最后用接种针直接挑取松散的干燥样品，在斜面接种。

五、实验结果

1.列表记录本实验中几种菌种保藏方法的操作要点和适合保藏的微生物种类。

2.试分析各种微生物菌种保藏方法的优缺点。

3.观察保存菌种是否有污染，记录菌种保藏情况。

六、思考题

1.经常使用的细菌菌种，应用哪一种方法保藏既好又简便？

2.细菌用什么方法保藏的时间长而又不易变异？

3.产孢子的微生物常用哪一种方法保藏？

实验 11

厌氧菌的分离与培养

一、实验目的

1.了解和掌握厌氧微生物的培养基配制。

2.掌握厌氧微生物的培养方法。

二、实验原理

真空干燥器厌氧培养法不适用于培养需要 CO_2 的微生物。该法是在干燥器内使焦性没食子酸与氢氧化钠溶液发生反应而吸氧，形成无氧的小环境而使厌氧菌生长。

深层穿刺厌氧培养法操作简单，适用于一般厌氧微生物的活化和分离培养，但不能用于扩大培养。针筒厌氧培养法适于活化厌氧菌和小体积的扩大培养。

厌氧罐培养法利用透明的聚碳酸酯硬质塑料制成的一种小型罐状密封容器，采用抽气换气法充入氢气，利用钯作催化剂与罐内氧气发生作用达到除氧的目的，同时充入 10% CO_2 以促进某些革兰氏阴性厌氧菌的生长。

厌氧袋培养法是利用氢硼化钠与水反应产生氢，在催化剂钯的作用下，氢与袋中氧结合生成水达到除氧目的，除氧效果可通过观察袋中厌氧度指示剂。同时，利用柠檬酸与碳酸氢钠反应产生 CO_2，以利于需要 CO_2 的厌氧菌的生长。

三、实验器材

1. 菌种

丙酮丁醇梭菌 (*Clostridium acetobutylicum*)、产气荚膜梭菌 (*Clostridium perfringens*)。

2. 培养基

(1) 强化梭菌培养基（RCM 培养基）：蛋白胨 10.0g/L，牛肉粉 10.0g/L，酵母粉 3.0g/L，葡萄糖 5.0g/L，可溶性淀粉 1.0g/L，氯化钠 5.0g/L，醋酸钠 3.0g/L，L-半胱氨酸盐酸盐 0.5g/L，琼脂 0.5g/L，pH 值 6.8 ± 0.1。

(2) 中性红培养基：葡萄糖 40g/L，胰蛋白胨 6g/L，酵母膏 2g/L，牛肉膏 2g/L，醋酸铵 3g/L，KH_2PO_4 5g/L，中性红 0.2g/L，$MgSO_4 \cdot 7H_2O$ 0.2g/L，$FeSO_4 \cdot 7H_2O$ 0.01g/L，pH 6.2。

(3) $CaCO_3$ 明胶麦芽汁培养基：麦芽汁（6°Bé）1000mL，水 1000mL，$CaCO_3$ 10g，明胶 10g，pH 6.8，121℃湿热灭菌 30min。

3. 溶液与试剂

$CaCO_3$、焦性没食子酸、Na_2CO_3、10％NaOH 溶液、0.5％亚甲蓝水溶液、6％葡萄糖水溶液、钯粒（A 型）、$NaBH_4$、KBH_4、$NaHCO_3$、柠檬酸、葡萄糖、0.1mol/L NaOH、结晶紫染液、变色硅胶。

4. 仪器设备

真空泵。

5. 其他材料

针筒、锥形瓶、试管、厌氧罐、厌氧袋（不透气的无毒复合透明薄膜塑料袋，14cm×32cm）、培养皿、带活塞干燥器、氮气钢瓶、安瓿管、塑料软管等。

四、实验内容

（一）真空干燥器厌氧培养法

1. 培养基准备与接种

将 3 支装有 RCM 培养基的大试管放在水浴中煮沸 10min，以赶出其中溶解的氧气，迅速冷却后（切勿摇动）将其中 2 支试管分别接种丙酮丁醇梭菌和产气荚膜梭菌。

2. 干燥器准备与抽气

在带活塞的干燥器内底部，预先放入焦性没食子酸粉末 20g 和斜放盛有 200mL 10% NaOH 溶液的烧杯。将接种厌氧菌的培养管放入干燥器内。在干燥器口上涂抹凡士林，密封后接通真空泵，抽气 3～5min，关闭活塞。轻轻摇动干燥器，促使烧杯中的 NaOH 溶液倒入焦性没食子酸中，两种物质混合发生吸氧反应，使干燥器中形成无氧小环境。

3. 观察结果

将干燥器置于 37℃恒温培养箱中培养约 7 天，取出培养管，分别制片观察菌体特征。

（二）深层穿刺厌氧培养法

1. 接种培养

将玻璃管一头塞上橡胶塞，装入 RCM 培养基的高度为管长的 2/3，套上塑料帽或橡皮塞，灭菌并凝固后，将丙酮丁醇梭菌用接种针穿刺接种，置 37℃恒温培养箱中培养 6～7 天。

2. 观察结果

观察菌落形态特征并制片，于光学显微镜下观察菌体的细胞形态，并记录结果。

（三）针筒厌氧培养法

1. 培养基准备

将灭菌的装有 RCM 培养基的血浆瓶放在沸水浴中加热 10min，在瓶口胶塞上插上 2 枚医用针头排气，以赶出残留在培养基内的氧气。随后将血浆瓶从沸水浴中取出，再将氮气钢瓶中的高纯氮气（99.99％）通过胶塞上的一枚针头引入血浆瓶中，使血浆瓶内充满氮气，瓶内培养基在冷却过程中保持无氧状态。

2. 针筒装灌培养基

将灭菌的针筒接上针头经胶塞刺入血浆瓶中，先利用瓶内氮气的压力将针筒的推杆慢慢推开，待吸入一定体积的氮气后取下针筒，排尽针筒内的气体。按此操作重复 3 次，以排尽针筒内的残留空气而维持无氧状态。血浆瓶口朝下倾斜，利用瓶内压力将培养液缓慢注入针筒内，然后取下针筒，用经灭菌的带孔橡皮塞迅速把针筒头部塞住。

3. 接种培养

采用无菌操作以菌种液针筒将菌穿刺接入培养液针筒中，置 37℃恒温培养，用于菌种活化可培养 16～18h，用于测定菌体生长可培养 6～7 天。

4. 观察结果

取菌制片观察。

（四）厌氧罐培养法

1. 制备厌氧度指示剂

取 3mL 0.5％亚甲蓝水溶液用蒸馏水稀释至 100mL，6mL 0.1mol/L NaOH 溶液用蒸馏水稀释至 100mL，6g 葡萄糖加蒸馏水至 100mL。将上述 3 种溶液等体积混合，并用针筒注入安瓿管内 1mL，沸水浴加热至无色，立即封口即成。取一根直径 1cm、长 8cm 的无毒透明塑料软管，将装有亚甲蓝指示剂的安瓿管置于软管中，制成亚甲蓝厌氧度指示管。

2. 培养基准备与接种

将制成无菌无氧的 RCM 培养基平板，在无菌操作下迅速划线接种丙酮丁醇梭菌或产气荚膜梭菌，并立即将培养皿倒置放入已准备好的厌氧罐中，同时放入一支亚甲蓝厌氧度指示管。随后及时旋紧罐盖，达到完全密封。

3. 抽气换气

将真空泵接通厌氧罐抽气接口，抽真空至表指针 0.09～0.093MPa 时，关闭抽气口活塞，用止血钳夹住抽气橡皮管。打开氮气钢瓶气阀向厌氧罐内充入氮气，当真空表指针返回到零位终止充氮。再按上述步骤抽气和充入氮气，如此重复 2～3 次，使罐中氧的含量达到最低。最后充入的氮气使真空表指针达 0.02MPa 时停止充氮气。再开启 CO_2 钢瓶阀门，向罐内充入 CO_2 直至真空表指针达到 0.011MPa 时停止。为除尽罐内残留的氧，以氢气袋气管连接向厌氧罐内充入氢气直至真空表指针回到零位为止。充气完毕，封闭厌氧罐。

4. 恒温培养

将厌氧罐置于 37℃ 恒温培养箱中培养 6～7 天，注意罐中厌氧度指示剂的颜色变化。

5. 观察结果和镜检

从罐内取出培养皿，观察菌落特征，并挑取菌落作涂片，用结晶紫染液染色，镜检，比较不同菌的菌体细胞形态特征，并作记录。

（五）厌氧袋培养法

1. 厌氧袋

选用无毒复合透明薄膜塑料，采用塑膜封口机或电热法烫制成 20cm×40cm 塑料袋。

2. 产气管

取一根无毒塑料软管（直径 2.0cm，长 20cm），管壁制成小孔，一端封实。天平称取 0.4g $NaBH_4$ 和 0.4g $NaHCO_3$，用擦镜纸包成小包，塞入软管底部，其上塞入 3 层擦镜纸，将装有 5% 柠檬酸溶液 3mL 的安瓿管塞入塑料管中，管口塞上有缺口的泡沫塑料小塞，即制成产气管。

3. 厌氧度指示管

取一根无毒透明塑料软管（直径 2cm，长 10cm）。量取 0.5% 亚甲蓝水溶液 3mL，用蒸馏水稀释至 100mL；取 0.1mol/L NaOH 溶液 6mL，用蒸馏水稀释至 100mL；称取 6g 葡萄糖加蒸馏水稀释成 100mL。将上述 3 种溶液等量混合后取 2mL 装入安瓿管，经沸水浴加热至无色后立即封口，即为厌氧度指示管。

4. 催化剂和吸湿剂

催化剂钯粒（A 型）10～20 粒加热活化，随后装入带孔的小塑料硬管内，制成钯粒催化管。取变色硅胶少许，用滤纸包好塞入带孔塑料管内，为吸湿管。

5. 培养基准备和接种

将灭菌的中性红培养基和 $CaCO_3$ 明胶麦芽汁培养基分别在沸水浴中煮沸 10min，以赶出其中溶解的氧，冷却至 50℃ 左右倒平板，冷却后接种丙酮丁醇梭菌。随后立即将培养皿放入厌氧袋中，每袋可倒置平放 3 个培养皿。

6. 封袋除氧和培养

将产气管、厌氧度指示管、钯粒催化剂管和吸湿管分别放入袋中培养皿两边，尽量赶出袋中空气。用宽透明胶带将袋口封住，用一根 1cm 宽、与袋口宽等长的有机玻璃条或小木条将袋口卷折 2～3 层，用夹子夹紧，严防漏气。使袋口倾斜向上，随后隔袋折断产气管中的安瓿管颈，使试剂反应产生 H_2 和 CO_2，H_2 在钯粒催化下与袋内 O_2 化合生成水。经 5～10min，钯粒催化管处升温发热，生成少量水蒸气。在折断产气管半小时后，隔袋折断厌氧度指示管中的安瓿管颈，观察指示剂，不变蓝表明袋内已形成厌氧环境。此时将厌氧袋转入 37℃ 恒温培养箱中培养 6～7 天。

7. 观察结果和镜检

从袋中取出培养皿观察菌落特征。丙酮丁醇梭菌在中性红平板上显示黄色菌落，挑取典型单菌落涂片染色后进行镜检，观察菌体细胞形态特征，并作记录。

五、注意事项

1. 培养需要 CO_2 的厌氧菌时，须在厌氧小环境中供应 CO_2。

2. 氢气是危险易爆气体，使用氢气钢瓶充氢时，应严格按操作规程进行，切勿大意，严防事故。

3. 选用干燥器、针筒、厌氧罐或厌氧袋时，应事先仔细检查其密封性能，以防漏气。

4. 已制备灭菌的培养基在接种前应在沸水浴中煮沸 10min，以消除溶解在培养基中的氧气。

5. 厌氧袋和厌氧罐中亚甲蓝厌氧度指示剂变成蓝色，表明除氧不够。

6. 产气荚膜梭菌为条件致病菌，防止进入口中和沾上伤口。

六、实验结果

1. 实验中选用厌氧培养法的培养结果。

2.试比较以上厌氧培养方法的优缺点，并分析其成功的关键。

七、思考题

1.请设计一个试验方案，说明如何从土壤中分离、纯化和培养出厌氧菌。

2.试举例说明研究厌氧菌的实际意义。

实验 12

细菌的生理生化实验

一、实验目的

1.了解细菌鉴定中常用的生理生化实验反应原理及意义。

2.掌握测定细菌生理生化特征的实验技术和方法。

二、实验原理

在所有生活细胞中存在的全部生物化学反应称之为代谢，代谢过程主要是酶促反应过程。具有酶功能的蛋白质多数在细胞内，称为胞内酶。许多细菌产生胞外酶，这些酶从细胞中释放出来，以促进细胞外的化学反应。各种微生物在代谢类型上表现出很大的差异，如表现在对大分子糖类和蛋白质的分解能力以及分解代谢的最终产物的不同，反映出它们具有不同的酶系和不同的生理特性，这些特性可作为细菌鉴定和分类的依据。

（一）大分子物质的水解实验原理

1.淀粉水解

由于微生物对淀粉这种大分子物质不能直接利用，所以必须靠产生的胞外酶将大分子物质分解才能被微生物吸收利用。胞外酶主要为水解酶，加水裂解大分子物质为较小的化合物，使其能被运输至细胞内。如淀粉酶将淀粉水解为小分子的糊精、双糖和单糖，能分泌胞外淀粉酶的微生物，则能利用其周围的淀粉。已知淀粉遇到碘会显现蓝色，因此可通过在淀粉培养基上滴加碘液来判断微生物是否能产生淀粉酶分解淀粉。菌落周围不呈蓝色，出现无色透明圈，则该菌种能够水解淀粉。

2. 油脂水解

脂肪酶可将脂肪水解为甘油和脂肪酸，而产生的脂肪酸可改变培养基的pH，因此在油脂培养基上接种细菌，培养一段时间后可通过观察菌苔的颜色判断菌种是否能够水解油脂。若出现红色斑点，则说明这种菌可产生分解油脂的酶。

（二）糖发酵实验原理

糖发酵实验是常用的鉴别微生物的生化反应，在肠道细菌的鉴定上尤为重要。绝大多数细菌都能利用糖类作为碳源和能源，但是它们在分解糖类物质的能力上有很大的差异。有些细菌能分解某种糖产生有机酸（如乳酸、醋酸、丙酸等）和气体（如氢气、甲烷、二氧化碳等），有些细菌只产酸不产气，例如大肠杆菌能分解乳糖和葡萄糖产酸并产气。产酸后再加入溴甲酚紫指示剂后会使溶液呈黄色，且杜氏小管中会收集到一部分气体。若细菌不能分解糖产酸产气，则最后溶液为指示剂的紫色，且杜氏小管中无气体。

（三）IMViC 实验

1. 吲哚实验

用来检测吲哚的产生，在蛋白胨培养基中，若细菌能产生色氨酸酶，则可将蛋白胨中的色氨酸分解为丙酮酸和吲哚，吲哚与对二甲基氨基苯甲醛反应生成玫瑰色的玫瑰吲哚。但并非所有的微生物都具有分解色氨酸产生吲哚的能力，所以吲哚实验可以作为一个生物化学检测的指标。大肠杆菌吲哚反应阳性，产气肠杆菌为阴性。

2. 甲基红实验

某些细菌在糖代谢过程中分解葡萄糖生成丙酮酸，后者进而被分解产生甲酸、乙酸和乳酸等多种有机酸，使培养基的pH值降低，加入培养基中的甲基红指示剂由橙黄色转变为红色，即甲基红反应。尽管所有的肠道微生物都能发酵葡萄糖产生有机酸，但是这个实验在区分大肠杆菌和产气肠杆菌上还是有价值的。这两种细菌在培养的早期均产生有机酸，但大肠杆菌在培养的后期仍能维持酸性（pH 4），而产气肠杆菌则转化有机酸为非酸性末端产物，如乙醇、丙酮酸等，使 pH 升至 6 左右。因此，大肠杆菌为阳性，产气肠杆菌为阴性。

三、实验器材

1. 菌种

枯草芽孢杆菌（*Bacillus subtilis*），大肠杆菌（*Escherichia coli*），铜绿假单胞菌（*Pseudomonas aeruginosa*），普通变形杆菌（*Proteus vulgaris*），产气肠杆菌（*Enterobacter areogenes*）。

2. 培养基

（1）淀粉培养基

牛肉膏 0.5g/L，蛋白胨 1g/L，氯化钠 0.5g/L，可溶性淀粉 0.2g/L，琼脂 20g/L，pH 7.0～7.2。

（2）油脂培养基

蛋白胨 10g/L，牛肉膏 5g/L，NaCl 5g/L，香油或花生油 10g/L，1.6％中性红水溶液 1mL/L，琼脂 20g/L，pH 7.2，121℃灭菌 20min。配制时油和琼脂及水先加热，调好 pH 后，再加入中性红；分装时不断搅拌，使油均匀分布于培养基中。

（3）葡萄糖发酵培养基

蛋白胨 10g/L，葡萄糖 10g/L，NaCl 5g/L，pH 7.4，121℃灭菌 20min。配制时将蛋白胨先加热溶解，调节 pH，加入 1.6％溴甲酚紫溶液，再加入葡萄糖，溶解分装，最后将杜氏小管倒置放入试管中，再灭菌。

（4）乳糖发酵培养基

蛋白胨 10g/L，乳糖 10g/L，NaCl 5g/L，pH 7.4，121℃灭菌 20min。配制时将蛋白胨先加热溶解，调节 pH，加入 1.6％溴甲酚紫溶液，再加入葡萄糖，溶解分装，最后将杜氏小管倒置放入试管中，再灭菌。

（5）蛋白胨水培养基

蛋白胨 10g/L，NaCl 5g/L，pH 7.6，121℃灭菌 20min。

（6）葡萄糖蛋白胨水培养基

蛋白胨 5g/L，葡萄糖 5g/L，K_2HPO_4 2g/L，pH 7.0～7.2，过滤分装，112℃灭菌 30min。

3. 溶液与试剂

鲁氏碘液、乙醚、吲哚试剂、甲基红试剂、蒸馏水、乙醚等。

4. 仪器设备

无菌操作台、高压蒸汽灭菌锅、恒温培养箱等。

5. 其他材料

酒精灯、接种针、培养皿、试管、试管架、烧杯、量筒、杜氏小管等。

四、实验内容

（一）淀粉水解实验

1. 倒平板

按照淀粉培养基配方配制固体淀粉培养基，灭菌，待培养基冷却至50℃左右，在酒精灯火焰旁倒平板，每组两个平板。

2. 标记

用记号笔在平板底部划成四部分，标好要进行接种的菌的编号，以免混淆。

3. 接种

在无菌操作台上，将枯草芽孢杆菌、大肠杆菌、普通变形杆菌和铜绿假单胞菌分别在标记好的区域内点种。注意仅用接种针接触极少面积的培养基，避免因接种菌量过多而造成假阳性。

4. 培养

将平板倒置，在28℃恒温培养箱中培养两天。

5. 观察

取出培养基，观察各种细菌的生长情况。打开平板盖子，滴入适量鲁氏碘液于平板中，轻轻旋转平板，使碘液均匀铺满整个平板，观察培养皿中菌落周围是否有无色透明圈产生。若有无色透明圈出现，说明淀粉已经被水解，该种菌为阳性，反之则为阴性，记录实验结果。

（二）油脂水解实验

1. 倒平板

按照油脂培养基配方配制固体油脂培养基，灭菌，待培养基冷却至50℃左右，充分振荡，使油脂均匀分布，在酒精灯火焰旁倒平板，每组两个平板。

2. 标记

用记号笔在平板底部划成四部分，并标好需要接种的菌的编号。

3. 接种

在无菌操作台上将枯草芽孢杆菌、大肠杆菌、普通变形杆菌和铜绿假单胞菌分别划十字线接种于平板相对应部分的中心。

4. 培养

将平板倒置，在28℃恒温培养箱中培养48h。

5. 观察

取出平板，观察菌苔颜色，如果出现红斑点，说明脂肪水解，为阳性反应，记录实验结果。

（三）葡萄糖发酵实验

1. 培养基的配制

按照糖发酵培养基配制葡萄糖发酵培养基，分装至试管中，先将杜氏小管中注满培养基，再把杜氏小管倒置放入试管中。注意不要让杜氏小管中进入空气，每组3支试管，灭菌。

2. 接种

待培养基冷却至常温时，在无菌操作台上，取葡萄糖发酵培养基试管2支分别接入大肠杆菌和普通变形杆菌，接种后轻摇试管，使其均匀，防止倒置的小管进入气体，第3支不接种，作为对照组。在各试管外壁上贴上标签，标签上分别标明发酵培养基的名称和所接种的细菌菌名。

3. 培养

把接种后的试管在试管架上放好，将其放入培养箱中于28℃下培养48h。

4. 观察

观察各试管颜色变化及杜氏小管中有无气泡，并记录实验结果。

（四）乳糖发酵实验

1. 培养基的配制

按照糖发酵培养基配制乳糖发酵培养基，分装至试管中，用胶头滴管往杜氏小管中注满培养基，再把杜氏小管倒置放入试管中。注意不要让杜氏小管中进入空气，每组五支试管，灭菌。

2. 接种

待培养基冷却至常温时，在无菌操作台上，取乳糖发酵培养基试管 2 支分别接入大肠杆菌和普通变形杆菌，接种后轻摇试管，使其均匀，防止倒置的小管进入气体。在试管外壁上贴上标签，标签上分别标明发酵培养基的名称和所接菌种的细菌菌名。

3. 培养

把接种后的试管在试管架上放好，将其放入培养箱中于 28℃ 下培养 48h。

4. 观察

观察各试管颜色变化及杜氏小管中有无气泡，并记录实验结果。

（五）吲哚实验

1. 培养基的配制

按照蛋白胨水培养基配方配制培养基，分装至试管中，每组 3 支，高压蒸汽灭菌锅灭菌。

2. 接种

待培养基冷却后，在无菌操作台上将大肠杆菌、产气肠杆菌分别接入 2 支盛有蛋白胨水培养基的试管中，剩余一支试管不接种，作为空白对照，贴好标签。

3. 培养

把接种后的试管放在试管架上放好，将其放入培养箱中于 28℃ 下培养 48h。

4. 观察

往培养后的蛋白胨水培养基内加入 3～4 滴乙醚，摇动数次，静置 1min，待乙醚上升后，沿试管壁徐徐加入 2 滴吲哚试剂。在乙醚和培养物之间产生红色环状物为阳性反应。加入试剂后观察试管内的颜色反应并记录实验结果。

（六）甲基红实验

1. 培养基的配制

按照葡萄糖蛋白胨水培养基配方配制培养基，分装至试管中，每组 3 支试管，高压蒸汽灭菌锅灭菌。

2. 接种

待培养基冷却后，在无菌操作台上将大肠杆菌、产气肠杆菌分别接入 2 支盛有葡萄糖蛋白胨水培养基的试管中，剩余一支试管不接种，作为空白对照，贴好标签。

3. 培养

把接种后的试管放在试管架上，把试管连同试管架放入培养箱中于 28℃下培养两天。

4. 观察

培养两天后，向每支葡萄糖蛋白胨水培养基培养物内加入 2 滴甲基红试剂，培养基变为红色者为阳性，变为黄色者为阴性。观察试管内的颜色变化，并记录实验结果。

五、注意事项

1. 点种时接种面积要小，使菌在小范围内生长，以便于观察。
2. 十字接种时尽量将菌接种在该部分的中央区域。

六、实验结果

将实验结果填入表 1-9～表 1-14。

表 1-9　淀粉水解实验结果（＋表示阳性，－表示阴性）

菌种	阴/阳性	结论
大肠杆菌		
枯草芽孢杆菌		
普通变形杆菌		
铜绿假单胞菌		

表 1-10　油脂水解实验结果（＋表示阳性，－表示阴性）

菌种	阴/阳性	结论
大肠杆菌		
枯草芽孢杆菌		
普通变形杆菌		
铜绿假单胞菌		

表 1-11　葡萄糖发酵实验结果（＋表示阳性，－表示阴性）

样品	大肠杆菌	普通变形杆菌	空白
颜色			
是否产气			
阴/阳性			
结论			

表 1-12　乳糖发酵实验结果（＋表示阳性，－表示阴性）

样品	大肠杆菌	普通变形杆菌	空白
颜色			
是否产气			
阴/阳性			
结论			

表 1-13　吲哚实验结果（＋表示阳性，－表示阴性）

样品	大肠杆菌	产气肠杆菌
是否产生红色环状物		
阴/阳性		
结论		

表 1-14　甲基红实验结果（＋表示阳性，－表示阴性）

样品	大肠杆菌	产气肠杆菌
颜色		
阴/阳性		
结论		

七、思考题

1. 怎样解释淀粉酶是胞外酶而非胞内酶？

2. 不利用碘液，怎样证明淀粉是否水解？

3. 假如某种微生物可以有氧代谢葡萄糖，发酵实验应该出现什么结果？

4. 解释在细菌培养中吲哚检测的化学原理，为什么在这个试验中用吲哚的存在作为色氨酸酶活性的指示剂，而不用丙酮酸？

5. 为什么大肠杆菌是甲基红反应阳性，而产气肠杆菌为阴性？

环境因素对微生物生长的影响

一、实验目的

1.了解几种环境因素对微生物生长的影响。

2.掌握探究温度、溶解氧、紫外线、pH 对微生物生长影响的实验方法。

二、实验原理

微生物的生命活动是由其细胞内外一系列理化环境系统统一体所构成的，除营养条件外，影响微生物生长的有环境因素，包括物理因素、化学因素和生物因素。它们对微生物的生长繁殖、生理生化过程均能产生很大影响。物理因素如温度、渗透压、紫外线等，对微生物的生长繁殖、新陈代谢过程产生重大影响，甚至导致菌体的死亡。

1.温度对微生物生长的影响

不同的微生物生长繁殖所需要的最适温度不同，根据微生物生长的最适温度的范围，分为高温菌、中温菌和低温菌。自然界中绝大多数微生物属于中温菌。不同的微生物对高温的抵抗力不同，芽孢杆菌的芽孢对高温有较强的抵抗能力。

2.紫外线对微生物生长的影响

紫外线主要作用于细胞内的 DNA，使同一条链的 DNA 相邻嘧啶间形成腺嘧啶二聚体，引起双链结构的扭曲变形，阻碍碱基的正常配对，从而抑制 DNA 的复制，轻则使微生物发生突变，重则造成微生物死亡。紫外线照射的量与所用紫外灯的功率、照射距离和照射时间有关。紫外灯照射距离固定，照射的时间越长，则照射剂量越高。紫外线透过物质的能力弱，一层纸足以挡住紫外线的透过。

3.pH 对微生物生长的影响

微生物作为一个群体，其生长的 pH 范围很广，但绝大多数种类都在

pH 5～9 之间，而每种微生物都有生长的最高、最低和最适 pH。

4. 溶解氧对微生物生长的影响

影响微生物生长的实质是溶于水中的分子氧，即溶解氧。根据微生物生长对溶解氧的要求，可将微生物分为 4 种类型：专性需氧、微需氧、兼性厌氧与专性厌氧。专性需氧菌是通过氧化磷酸化产生能量，以分子氧作为最终氢受体。微需氧菌需要氧，但只能在较低的氧分压下才能正常生长。兼性厌氧菌能够通过氧化磷酸化作用或通过发酵获得能量。专性厌氧菌不但不会利用氧，而且氧对它有毒害作用。若将这些微生物分别培养在软琼脂培养基试管中，就会出现各种不同的生长状况。例如，专性需氧菌呈表面生长，专性厌氧菌在试管底部生长，而微需氧菌和兼性厌氧菌的生长状况则介于两专性菌之间。

三、实验器材

1. 菌种

大肠杆菌（*Escherichia coli*）、嗜热脂肪芽孢杆菌（*Bacillus stearothermophilus*）、黏质沙雷氏菌（*Serratia marcescens*）、嗜酸乳杆菌（*Lactobacillus acidophilus*）、短双歧杆菌（*Bifidobacterium breve*）、粪产碱杆菌（*Alcaligenes faecalis*）、枯草芽孢杆菌（*Bacillus subtilis*）、酿酒酵母（*Saccharomyces cerevisiae*）。

2. 培养基

（1）牛肉膏蛋白胨培养基

牛肉膏 5g/L，蛋白胨 10g/L，NaCl 5g/L，琼脂 20g/L，pH 7.2～7.4。

（2）麦芽汁培养基

取一定量的干麦芽粉，加 4 倍水，在 58～65℃下糖化 3～4h，直到加碘液无蓝色反应为止，煮沸后用纱布过滤调节 pH 至 6.0，121℃灭菌 15min。

（3）麦芽汁软琼脂（0.5%）培养基

麦芽汁培养基加入 0.5% 琼脂。

（4）改良的 TPY 软琼脂培养基

葡萄糖 2%，酵母浸出物 1%，胰蛋白胨 0.5%，牛肉膏 0.5%，生长因子 0.5%，K_2HPO_4 0.2%，NaCl 0.3%，L-半胱氨酸盐 0.1%，琼脂 0.5%，pH 7.5，121℃灭菌 15min。

3. 溶液与试剂

碘酒、结晶紫等。

4. 仪器设备

恒温培养箱、水浴恒温培养箱、净化工作台、高压蒸汽灭菌锅、721 型分光光度计等。

5. 其他材料

培养皿、杜氏小管、移液管、紫外线灯、试管、接种环、无菌水、滤纸、滴管等。

四、实验内容

(一) 紫外线对微生物的影响

1. 取无菌牛肉膏蛋白胨培养基平板 3 个，分别在培养皿底部标注。

2. 分别取培养 24h 的大肠杆菌、枯草芽孢杆菌菌液 0.2mL，加在相应的平板上，再用无菌涂棒涂布均匀，然后用无菌黑纸遮盖部分平板。

3. 紫外灯预热 15min 后关灯，把盖有黑纸的平板置于紫外灯光下，平板与紫外线灯距离 30cm。打开培养皿盖，紫外线照射 20min 关灯，移开黑纸，盖上皿盖。

4. 37℃培养 24h 后观察结果，比较并记录平板没被黑纸遮盖部分的菌落数量，判断大肠杆菌、枯草芽孢杆菌对紫外线的抵抗能力。

(二) 温度对微生物生长的影响实验

1. 配制牛肉膏蛋白胨培养基，分装试管 (每管 5mL)，灭菌备用。

2. 配制麦芽汁培养基，分装试管 (每管 5mL)，放入杜氏小管，灭菌备用。

3. 取 24 管牛肉膏蛋白胨培养基，分别标明 4℃、20℃、37℃和 60℃ 4 种温度，每种温度 6 管。

4. 于同一种温度的 2 支试管上分别标明菌名 (大肠杆菌、嗜热脂肪芽孢杆菌、黏质沙雷氏菌)，每种菌 2 支试管。

5. 以无菌操作在上述试管中分别接入 1 环相应细菌，并分别置于对应温度的培养箱中保温培养 24~28h。

6. 观察各菌的生长情况及黏质沙雷氏菌产色素情况。

7. 在 8 支装有麦芽汁培养基的试管中接入酿酒酵母，分别置于 4℃、20℃、37℃和 60℃ 4 种温度的培养箱中 (每种温度 2 支) 培养 24~48h。

8.观察酿酒酵母的生长状况及发酵产 CO_2 量，并做记录。

（三）pH 对微生物生长的影响实验

1.配制牛肉膏蛋白胨液体培养基和麦芽汁培养基，灭菌后无菌操作将两种培养基的 pH 分别调至 3、5、7、9，备用。

2.吸取适量生理盐水注入粪产碱杆菌、大肠杆菌、酿酒酵母斜面试管中，用接种环刮下菌苔制成菌悬液，搅匀使细胞分散，并调整菌悬液 OD_{600} 值约为 0.05。

3.分别吸取酿酒酵母菌悬液各 0.1mL，分别接种于装有 5mL 不同 pH 麦芽汁培养基大试管中（每种菌 4 支）。

4.将粪产碱杆菌、大肠杆菌的菌悬液各 0.1mL，分别接种于装有 5mL 不同 pH 的牛肉膏蛋白胨液体培养基的大试管中（每种菌 4 支）。

5.将接种酿酒酵母的试管置于 28℃温箱中培养 48～72h，粪产碱杆菌、大肠杆菌试管置于 32℃温箱中培养 24～48h。

6.将上述试管取出，采用 721 型分光光度计测定培养物的 OD_{600} 值，并做记录。

（四）溶解氧对微生物生长的影响实验

1.配制改良的 TPY 软琼脂培养基 100mL，分装试管（装量约为试管高的一半）。

2.配制麦芽汁软琼脂（0.5%）培养基，分装试管（装量约为试管高的一半），灭菌备用。

3.取 1 管麦芽汁软琼脂培养基在水浴锅中熔化。

4.待冷却至 50℃，接入酵母菌菌悬液 1mL，轻搅混匀，静置凝固。

5.另取 3 管改良的 TPY 软琼脂培养基，放入水浴锅中熔化。

6.待冷却至 50℃，取 1 管接入枯草芽孢杆菌悬液 1mL，轻搅混匀，静置凝固。

7.待 TPY 软琼脂培养基冷却至 45℃，取 2 管分别接入嗜酸乳杆菌悬液和短双歧杆菌悬液各 1mL，轻搅混匀，静置凝固。

8.酵母菌在 30℃下培养 24～48h，枯草芽孢杆菌、嗜酸乳杆菌和短双歧杆菌在 37℃下培养 24～48h，观察生长状况，并做记录。

五、注意事项

1.pH 对微生物生长影响实验所用培养基，应于灭菌后以无菌操作将两种培养基的 pH 分别调至 3、5、7、9。若灭菌前先调 pH，则培养基经灭菌后 pH 可能会改变而使实验结果不够准确。

2.TPY 软琼脂培养基灭菌后切勿摇动，接种后用无菌玻璃棒轻搅混匀，也切勿摇动，以免混入空气影响厌氧菌生长。

六、实验结果

将实验结果填入表 1-15。

表 1-15　不同理化因素对微生物的影响

因素	测试微生物	处理方式及结果
紫外线		
温度		
pH		
溶解氧		

七、思考题

1.芽孢的存在对灭菌消毒有什么影响？

2.上述实验中，菌种的选择有何依据？

实验 14

噬菌体的分离、纯化及其效价的测定

一、实验目的

1.了解噬菌体效价的含义及其测定原理。

2.学会检查噬菌体的方法。

3.掌握用双层琼脂平板法测定噬菌体效价的实验方法。

二、实验原理

噬菌体是一类专性寄生于细菌和放线菌等微生物的病毒，其个体形态极其微小，用常规微生物计数法无法测得其数量。当烈性噬菌体侵染细菌后会迅速引起敏感细菌裂解，释放出大量子代噬菌体，然后它们再扩散和侵染周围细胞，最终使含有敏感菌的悬液由混浊逐渐变清，或在含有敏感细菌的平板上出现肉眼可见的空斑——噬斑。为了易于分离可先经增殖培养，使样品中的噬菌体数量增加。

　　噬菌体的效价即 1mL 样品中所含侵染性噬菌体的粒子数。效价的测定一般采用双层琼脂平板法。由于在含有特异宿主细菌的琼脂平板上，一般一个噬菌体产生一个噬斑，故可根据一定体积的噬菌体培养液所出现的噬斑数，计算出噬菌体的效价。此法所形成的噬斑的形态、大小较一致，且清晰度高，故计数比较准确，因而被广泛应用。

三、实验器材

1. 菌种

大肠杆菌（*Escherichia coli*）。

2. 培养基

（1）肉膏蛋白胨培养基

① 二倍肉膏蛋白胨培养液：牛肉膏 10g/L，蛋白胨 20g/L，NaCl 10g/L，pH 7.2～7.4。

② 上层肉膏蛋白胨半固体琼脂培养基：含琼脂 0.7%，试管分装，每管 5mL。

③ 下层肉膏蛋白胨固体琼脂培养基：含琼脂 2%。

（2）1%蛋白胨水培养基

蛋白胨 10g/L，NaCl 5g/L，pH 7.6。

3. 仪器设备

恒温水浴锅、离心机、真空泵、高压蒸汽灭菌锅、721 型分光光度计、净化工作台等。

4. 其他材料

无菌试管、过滤器、培养皿、锥形瓶、移液管、蔡氏过滤器等。

四、实验内容

（一）噬菌体的检查

1. 样品采集

将 2～3g 土样或 5mL 水样（如阴沟污水）放入灭菌锥形瓶中，加入对数生长期的敏感指示菌（大肠杆菌）菌液 3~5mL，再加 20mL 二倍肉膏蛋白胨培养液。

2. 增殖培养

上述样品 30℃振荡培养 12~18h，使噬菌体增殖。

3. 噬菌体的分离

（1）制备菌悬液

取大肠杆菌斜面一支，加 4mL 无菌水洗下菌苔，制成菌悬液。

（2）增殖培养

将 100mL 二倍肉膏蛋白胨液体培养基加入锥形瓶中，加入污水样品 200mL 与大肠杆菌悬液 2mL，37℃培养 12~24h。

（3）制备裂解液

将以上混合培养液 2500r/min 离心 15min。将灭菌的蔡氏过滤器按无菌操作安装于灭菌抽滤瓶上，用橡皮管连接抽滤瓶与安全瓶，安全瓶再连接于真空泵。将离心上清液倒入滤器，开动真空泵，过滤除菌。所得滤液倒入灭菌锥形瓶内，37℃培养过夜，以作无菌检查。

（4）确证试验

将经无菌检查没有细菌生长的滤液作进一步实验，证明噬菌体的存在。于上层肉膏蛋白胨琼脂平板上加一滴大肠杆菌悬液，再用灭菌玻璃涂布器将菌液涂布成均匀的一薄层。待平板菌液干后，分散滴加数小滴滤液于平板菌层上面，37℃培养过夜。如果在滴加滤液处形成无菌生长的透明噬斑，便证明滤液中有大肠杆菌噬菌体。

4. 噬菌体的纯化

（1）如果已证明确有噬菌体的存在，便用接种环取菌液一环接种于液体培养基内，再加入 0.1mL 大肠杆菌悬液，使混合均匀。

（2）取上层琼脂培养基，熔化并冷至 48℃（可预先熔化、冷却，放 48℃水浴锅内备用），加入以上噬菌体与细菌的混合液 0.2mL，立即混匀。

（3）并立即倒入下层培养基上，混匀，置 37℃培养 12h。

（4）此时长出的分离的单个噬斑，其形态、大小常不一致，再用接种针在单个噬斑中刺一下，小心采取噬菌体，接入含有大肠杆菌的液体培养基内，于 37℃培养。

（5）等待管内菌液完全溶解后，过滤除菌，即得到纯化的噬菌体。

5. 生物测定法

（1）双层琼脂平板法

① 倒下层琼脂：熔化下层培养基，倒平板（约 10mL/皿）待用。

② 倒上层琼脂：熔化上层培养基，待熔化的上层培养基冷却至 50℃左右时，每管中加入敏感指示菌（大肠杆菌）菌液 0.2mL、待检样品液或上述噬菌体增殖液 0.2～0.5mL，混合后立即倒入上层平板铺平，30℃恒温培养 6～12h 观察结果。如有噬菌体，则在双层培养基的上层出现透亮无菌圆形空斑，即噬斑。

（2）单层琼脂平板法

省略下层培养基，将上层培养基的琼脂量增加至 2%，熔化后冷却至 45℃左右，如同上法加入指示菌和检样，混合后迅速倒平板。30℃恒温培养 6～16h 后观察结果。

（二）噬菌体效价的测定

1. 倒平板

将熔化后冷却到 45℃左右的下层肉膏蛋白胨固体培养基倾倒于 11 个无菌培养皿中，每皿约倾注 10mL 培养基，平放，待冷凝后在培养皿底部注明噬菌体稀释度。

2. 稀释噬菌体

按 10 倍稀释法，吸取 0.5mL 大肠杆菌噬菌体，注入一支装有 4.5mL 1%蛋白胨水培养基的试管中，即稀释到 10^{-1}，依次稀释到 10^{-6} 稀释度。

3. 噬菌体与菌液混合

将 11 支灭菌空试管分别标记 10^{-4}（3 支）、10^{-5}（3 支）和 10^{-6}（3 支）和对照（2 支）。分别从 10^{-4}、10^{-5} 和 10^{-6} 噬菌体稀释液中吸取 0.1mL 加入上述编号的无菌试管中，每个稀释度平行做三个管，在另外两支对照管中加 0.1mL 无菌水，并分别于各管中加入 0.2mL 大肠杆菌菌悬液。振荡试管使菌液与噬菌体液混合均匀，置 37℃水浴中保温 5min，让噬菌体粒子充分吸附并侵入菌体细胞。

4. 接种上层平板

将 11 支熔化并保温于 45℃的上层肉膏蛋白胨半固体琼脂培养基 5mL 分别加入到含有噬菌体和敏感菌液的混合管中，迅速混匀，立即倒入相应编号的下层培养基平板表面，边倒入边摇动平板使其迅速地铺展表面。水平静置，凝固后置 37℃ 培养。

5. 观察并计数

观察平板中的噬斑，并将结果记录于实验报告表格内，选取每皿有 30～300 个噬斑的平板计算噬菌体效价，计算公式如下。

$$N = (Y/V) \times X$$

式中，N 为效价值，Y 为平均每皿噬斑数，V 为取样量，X 为稀释度。

五、实验结果

1. 绘出平板上的噬斑检测结果，指出噬斑和宿主细菌。

2. 计算噬菌体效价，将结果填入表 1-16。

表 1-16　噬斑形成单位（PFU）结果记录表

噬菌体稀释度	对照	10^{-4}	10^{-5}	10^{-6}
噬菌体数/PFU				

六、注意事项

1. 在制作平板时，倒入的培养基需冷却至 45～48℃，避免烫死指示菌和噬菌体。

2. 从噬菌体感染宿主到形成噬斑整个过程中，涉及的因素很多，噬斑计数的实际效率不可能达 100%。

七、思考题

1. 有哪些方法可检查发酵液中确有噬菌体存在？比较其优缺点。

2. 测定噬菌体效价的原理是什么？要提高测定的准确性应注意哪些操作？

实验 15

细菌感受态的制备和质粒的转化

一、实验目的

1. 学会感受态细胞的制备方法。

2.学会 DNA 转化的操作方法。

二、实验原理

转化是指某一细胞系接受了外源 DNA，而导致其原来的遗传性状发生改变，这种遗传性状包括遗传型和表型的改变。感受态是受体菌有接受外源 DNA 能力的一种生理状态。用 $CaCl_2$ 处理细菌，改变细胞膜的结构，使质粒 DNA 能够穿过细菌细胞膜进入细胞。然后在选择性培养基中培养转化处理过的细菌，转化成功的细菌可以在选择性培养基上生长形成菌落。本实验采用质粒 pUC118 转化大肠杆菌 DH-5α，通过氨苄青霉素抗性筛选转化子。

三、实验器材

1.菌株

大肠杆菌 DH-5α。

2.培养基

LB 液体培养基：胰蛋白胨 10g/L，酵母提取物 5g/L，氯化钠 10g/L，pH 7.4。

3.溶液与试剂

100mg/mL 氨苄青霉素、0.1mol/L $CaCl_2$。

4.仪器设备

净化工作台、离心机、恒温水浴锅、恒温培养箱、恒温摇床等。

5.其他材料

质粒 pUC118（带氨苄青霉素抗性，Amp^R）、接种针、移液管、离心管、培养皿、试管、Eppendorf 管等。

四、实验内容

（一）感受态细胞的制备

1.挑取一环大肠杆菌 DH-5α 冷冻保存的菌种，划线接种在 LB 固体培养基平板上（活化菌种），37℃培养约 16h。

2.从长好的平板上挑取一个单菌落，转接在含有 3mL LB 液体培养基的试管中，37℃振荡培养约 16h。

3.取 0.3mL 菌液接种于含有 20mL LB 液体培养基的 250mL 锥形瓶中，

37℃振荡培养 2～3h，待 OD_{600} 值达到 0.3～0.4 时，取下锥形瓶，立即冰浴 10～15min。

4. 4℃ 3000r/min 离心 10min，弃尽上清液，收集菌体。

5. 加入 20mL 用冰预冷的 0.1mol/L $CaCl_2$ 溶液，重新悬浮菌体，使菌体分散均匀，置冰浴中 30min。

6. 4℃ 3000r/min 离心 10min，弃尽上清液。

7. 再加入 2mL 用冰预冷的 0.1mol/L $CaCl_2$ 溶液，重新悬浮菌体，在 4℃冰箱中放置 12～24h，即可应用于 DNA 转化。

（二）细菌的转化

1. 取大肠杆菌 DH-5α 新鲜感受态细胞 100μL 于 1.5mL Eppendorf 管中，加入 50～100ng 质粒 pUC118 DNA，轻轻旋转以混合内容物，在冰浴中放置 30min。

2. 42℃水浴锅中热处理 120s，不要摇动 Eppendorf 管。

3. 加入 LB 液体培养基 900μL，37℃保温 60min。

4. 取 100μL 转化液涂布在含 100mg/mL 氨苄青霉素的 LB 固体平板上，37℃倒置培养 16～24h。

5. 观察平板，长出的菌落可能就是转化子，可进一步提取质粒鉴定。

五、注意事项

1. DNA 与感受态细胞混合后，一定要在冰浴条件下操作，如果温度时高时低，转化效率极差。

2. Eppendorf 管盖紧，以免反应液溢出或外面水进入而污染。

3. 42℃热处理时很关键，转移速度要快，但温度要准确。

4. 涂布转化液时，要避免反复来回涂布，因为感受态细菌的细胞壁有了变化，过多的机械挤压涂布会使细胞破裂，影响转化率。

六、实验结果

拍照记录平板转化结果。

七、思考题

1. 制备感受态细胞的关键是什么？

2. 如果 DNA 转化后，没有得到转化子或者转化子很少，分析原因。

3. 如何提高转化效率？

实验 16

凝集反应

一、实验目的

1. 了解凝集反应的基本原理。

2. 掌握平板凝集试验和试管凝集试验的操作方法。

3. 掌握凝集试验的结果判定及判定标准。

二、实验原理

颗粒性抗原（细菌、螺旋体、红细胞等）与相应抗体结合后，在有适量电解质存在下，抗原颗粒可相互凝集成肉眼可见的凝集块，称为凝集反应或凝集试验。参与凝集反应的抗原称为凝集原，抗体称为凝集素。

细菌或其他凝集原都带有相同的负电荷，在悬液中相互排斥而呈现均匀的分散状态。抗原与相应抗体相遇后可以发生特异性结合，形成抗原抗体复合物，降低了抗原分子间的静电排斥力，此时已有凝集的趋向。在电解质（如生理盐水）参与下，离子的作用，中和了抗原抗体复合物外面的大部分电荷，使之失去了彼此间的静电排斥力，分子间相互吸引，凝集成大的絮片或颗粒，出现了肉眼可见的凝集反应。根据是否出现凝集反应及其程度，对待测抗原或待测抗体进行定性、定量测定。

凝集反应包括直接凝集反应和间接凝集反应两大类，本实验主要介绍直接凝集反应。虎红平板凝集试验是快速平板凝集试验。抗原是布氏杆菌加虎红制成。虎红平板凝集试验与试管凝集试验及补体结合试验效果相比，具有操作简单、快速、特异性强的优点。

三、实验器材

1. 抗原和抗体

（1）抗原

伤寒沙门菌（*Salmonella typhi*）H 菌液、普通变形杆菌（*Proteus vulgaris*）。

（2）抗体

伤寒沙门菌 H 诊断血清、普通变形杆菌抗血清（1∶100）。

2. 溶液与试剂

电解质：0.85％ NaCl 生理盐水。

3. 仪器设备

恒温水浴锅等。

4. 其他材料

玻板、比浊管、载玻片、试管、试管架、刻度吸管、滴管、移液管、牙签或火柴棒等。

四、实验内容

（一）试管凝集反应

1. 制备菌悬液

取培养 18h 的普通变形杆菌斜面 1 支，用 0.85％ NaCl 生理盐水洗下斜面菌苔，调整其浓度至 10^9 个/mL。

2. 准备稀释管

将洁净的 16 支小试管分成 2 排（2 个重复），依次编号。每一小试管内加入 0.5mL 生理盐水稀释液，备用。

3. 稀释抗体

用移液管吸取 0.5mL 普通变形杆菌抗血清（1∶100）加入第一管内，连续吹吸 3 次，使血清中的抗体与生理盐水充分混匀，然后吸取该稀释液 0.5mL 加入下一稀释度的小试管内，依次类推，直至第七支试管。从第七管中吸取 0.5mL 弃去。

此时自第一至第七管内抗血清的稀释梯度分别为：1∶200，1∶400，1∶800，1∶1600，1∶3200，1∶6400 和 1∶12800。第八管中不加抗血清，为对照管。

4. 移加抗原

用 5mL 移液管吸取适当浓度的普通变形杆菌菌液，加入第一排各试管中，每管加量为 0.5mL（从生理盐水对照管开始，依次由后向前移加），此时各管抗血清稀释倍数又分别比原来增加了 1 倍。

5. 反应

将各管抗原与抗体稀释液充分混匀，并置于 37℃ 水浴锅中保温 4h，观察结果。凡能形成明显凝集现象的血清最高稀释度即为该抗血清的凝集效价。

6. 判断准则

（1）观察对照管

先不摇动试管，观察对照管底部有无凝集团。通常抗原（菌体）沉于管底，边缘光滑整齐。待观察记录后，再轻轻晃动对照管，此时沉淀菌分散成均匀的混浊菌液。

（2）观察各试验管

同对照管一样，先不摇动试管，观察比较各试管底部有无凝集及凝集团状物的形态，则可与未摇动的对照管比较，观察两者有何不同。通常凝集团的边缘不整齐，试管液体上部澄清、半澄清或混浊，但混浊度明显低于对照管。待观察记录后再轻轻晃动各试验管，此时，各试验管底部的凝集团缓缓升起，呈明显的片状或块状。若凝集现象有强弱，则分别记录之。

凝集现象的强弱判断标准为：

＋＋＋＋（很强）：表示细菌菌体全部凝集，菌液澄清，经晃动后见大片块状物。

＋＋＋（强）：表示细菌细胞大部分凝集，未晃动的试验管的上清液呈轻度混浊，摇动后凝集团较小。

＋＋（一般）：表示细菌细胞半数凝集，试验管上清液呈半澄清，晃动后的凝集团呈微小颗粒状。

＋（弱）：表示仅少量细菌细胞被凝集，试验管菌液呈混浊，摇动后仅能见少量微粒状凝集团。

－（阴性）：表示无凝集现象产生，试管晃动前后与对照管相比较无异样现象，故为阴性反应。

（二）玻片凝集反应

1. 稀释

将伤寒沙门菌 H 诊断血清作适当的稀释。

2. 分区

取洁净玻片 1 块，用记号笔将其划分为 2 个区，写上标记。

3. 加样

在第一区内加 0.85％生理盐水 1 滴，再与 1 滴抗原混匀，作为对照区；在第二区内先加 1 滴抗体稀释液，再与 1 滴抗原混匀后即为试验区。

4. 反应

将混匀的玻片放在湿室中，然后将它放在 37℃ 恒温水浴锅上面保温 10～20min，以加快抗原与抗体间的反应。若反应仍不明显，可轻轻晃动玻片并仔细辨认两区的差异。

5. 判断结果

若抗原与抗体的血清效价较高与相近，则凝集团形成迅速；反之则需待数分钟后才出现隐约可见的凝集现象；若几分钟后仍不能判断，可再增加晃动次数，或将玻片置低倍镜下观察。凡菌体凝集成小块片状者为阳性结果。

五、注意事项

1. 用于试验的载玻片、试管、移液管和滴管等均须洁净、干燥。

2. 在血清中抗体的倍比稀释过程中，应力求精确，并防止因在操作过程中产生气泡而影响实验准确性。

3. 当进行凝集反应的试管从温水浴中取出时，切忌摇动，以免影响对结果的初次判断与比较。

4. 用于玻片凝集反应中的滴管等要专管专用。

六、实验结果

1. 将玻片凝集反应的结果记录于表 1-17。

表 1-17　玻片凝集反应试验结果

分区	第一区(生理盐水＋菌液)	第二区(诊断血清＋菌液)
阳性或阴性		

2. 将各试管凝集反应试验的结果记录在表 1-18。

表 1-18　各试管凝集反应试验结果

血清	1：100	1：200	1：400	1：800	1：1600	1：3200	1：6400	1：12800	对照	效价

七、思考题

1. 生理盐水中的电解质在凝集反应中起什么作用？

2.试管凝集反应与玻片凝集反应各有什么优点？

3.凝集试验中为什么要设阳性、阴性血清及抗原对照？

实验 17

酒精发酵

一、实验目的

1.掌握酵母发酵糖化液制取酒精的方法。

2.掌握糖浓度和酒精含量的测定方法。

3.了解糖的无氧酵解途径。

二、实验原理

在无氧的培养条件下，酵母菌（或细菌）利用葡萄糖发酵生成酒精和二氧化碳，此过程即为酒精发酵，反应式为：

$$C_6H_{12}O_6 \longrightarrow 2C_2H_5OH + 2CO_2$$

通过对发酵醪液酒精含量的测定，可以判断酒精发酵的程度。酵母菌在有氧和无氧条件下糖代谢的产物不同。好氧条件下生成水和二氧化碳，无氧条件下产生酒精和 CO_2，所以在酒精发酵时要杜绝氧气，否则酒精产率下降。

试样以蒸馏法除去不挥发物质，用酒精计测定蒸馏液密度。根据蒸馏液的密度查密度-酒精度对照表或直接通过酒精计读数求得酒精含量（%，体积分数）。

硝基水杨酸法是在碱性条件下，二硝基水杨酸（DNS）与还原糖发生氧化还原反应，生成 3-氨基-5-硝基水杨酸。该产物在煮沸条件下显棕红色，根据在一定浓度范围内颜色深浅与还原糖含量成比例关系的原理，用比色法测定还原糖含量。因其显色的深浅只与糖类游离出还原基团的数量有关，而对还原糖的种类没有选择性，故 DNS 方法适合用在多糖（如纤维素、半纤维素和淀粉等）水解产生的多种还原糖体系中。该方法操作方便，快速，杂质干扰少。

三、实验器材

1. 菌株

耐高温活性干酵母。

2. 溶液与试剂

耐高温 α-淀粉酶、糖化酶、蔗糖、氯化钙、硫酸铜、亚甲蓝、酒石酸钾钠、葡萄糖 DNS 试剂、盐酸、无水乙醇等。

3. 仪器设备

恒温培养箱、高压蒸汽灭菌锅、酒精蒸馏装置、恒温水浴锅、铝锅、蒸馏烧瓶、酒精计、糖度计、滴定管、温度计、pH 计、热风干燥箱等。

4. 其他材料

大米粉、玉米粉或甘薯粉等淀粉质原料，沸石、锥形瓶、容量瓶、石棉网等。

四、实验内容

1. 糊化

取自来水 1000mL，按照 1∶4 的料水比称取大米粉（250g），一起加入铝锅中，混匀，用盐酸将醪液 pH 调节到 5.5～6.0，煮沸 1h。加入少量 50～70mg/L CaCl$_2$，如果使用自来水也可以不加，冷却到 85℃，1g 大米粉加 10U 活化好的淀粉酶酶液（用 250mL 锥形瓶装自来水 100mL，用 0.1mol/L 的盐酸调节 pH 到 5.5～6.0，加入 5g 淀粉酶，用玻璃棒搅拌使其完全溶解，35～40℃恒温箱保温 30min），90～93℃水浴保温。当 DE 值下降到 20 左右，结束糊化（一般糊化 1h）。

2. 糖化

用盐酸调节上述醪液 pH 至 4.0～4.5，将醪液冷却到 60℃，按 1g 大米粉加 150U 的比例加入活化好的糖化酶酶液（用 250mL 锥形瓶装自来水 100mL，用 1mol/L 的盐酸调节 pH 到 4.0～4.5，加入 5g 糖化酶，用玻璃棒搅拌使其完全溶解，35～40℃恒温培养箱保温 30min），60℃恒温箱或水浴保温 6h 以上（可放置过夜）。取糖化液数滴，滴入无水乙醇中，看是否生成白色絮状物。若无白色絮状物生成，表明糖化比较彻底。

3. 还原糖测定

用滤布过滤糖化好的醪液，弃去滤渣，滤液调节 pH 4.8～5.0，定容（加水或煮沸）到 2000mL，冷却到 20℃用糖度计测糖，取滤液测还原糖。测糖后，将滤液分装到 250mL 锥形瓶中，每瓶装液量为 150mL，每组 10 瓶，121℃灭菌 20min。

4. 酵母的活化

配制 2%的蔗糖溶液 700mL，用盐酸溶液调节 pH 4.5～5.0（酵母生长最适 pH 为 4.8～5.0），分装到 8 个 250mL 的锥形瓶，每个锥形瓶中装蔗糖溶液 80mL，121℃灭菌 20min。灭菌后取出，冷却到 40℃，以每瓶 6g 的量称取活性干酵母，加入酵母后 38℃保温 30min，即为活化好的酵母种子。整个过程尽量做到无菌。

5. 接种酵母

每瓶醪液接种活化好的酵母液 10mL，用棉塞塞紧，包上两层牛皮纸。34℃恒温培养箱中培养，培养过程中，记录观察现象，同时取样测定酒精浓度和 pH。每次取样两瓶，做两个平行样，取样间隔 8～14h 为宜，共取样 6 次，第一次在接种前，只测定还原糖和总糖浓度（酒精度为 0，pH 已经调好）。其余每次取样需要测定 pH、酒精浓度、还原糖和总糖浓度，以便计算酒精得率等。

6. 酒精度的测定

取一清洁的 100mL 容量瓶，用被测试样振荡洗涤 2～3 次。然后注满至近刻度，将容量瓶置于 20℃水浴中 20～30min，用 20℃试样补足至刻度。将试样移入 500mL（或 250mL）蒸馏瓶，用 50mL 冷水分 3 次冲洗容量瓶，洗液一并移入蒸馏烧瓶。将烧瓶接入蒸馏装置。用装试样的原容量瓶作为接收器进行蒸馏。为防止酒精挥发，在气温较高时蒸馏，应将容量瓶浸入（冰）水浴中，并使应接管出口伸入容量瓶的球部。当蒸馏液体积达到容量的 90%左右时停止蒸馏。用少许水洗涤应接管的头端，洗液并入容量瓶。塞好容量瓶，摇匀。如在刻度以上瓶颈沾有液滴，小心用少许水洗下。置容量瓶于 20℃水浴中 30min，并用清洁的洗瓶或毛细滴管加同样温度的水至刻度，再次摇匀。蒸馏液用酒精计直接测定。由附录查得 20℃时试样以体积分数表示的酒精含量。

7.还原糖浓度的测定（DNS）

称取大于 1g 的葡萄糖置于热风干燥箱中（98℃）烘至恒重，准确称取 1.000g 葡萄糖，用蒸馏水溶解并定容至 1000mL。分别按表 1-19 进行配制操作，充分混匀后于沸水浴中加热煮沸 2min。流水冲冷后再分别向各试管中补蒸馏水至 25mL 刻度，摇匀。在 540nm 下测定吸光度。绘制吸光度-葡萄糖浓度曲线。待测样品首先进行适度的稀释，按上述步骤操作，稀释样品使得 OD_{540} 的值在 $0.2 \sim 0.7$ 之间。

表 1-19　葡萄糖标准溶液的配制

管号	1	2	3	4	5	6
1mg/mL 葡萄糖溶液/mL	0.0	0.2	0.4	0.6	0.8	1.0
DNS 试剂/mL	1.5	1.5	1.5	1.5	1.5	1.5
蒸馏水/mL	23.5	23.3	23.1	22.9	22.7	22.5
吸光度值						

8.总糖的测定

将待测液转入量筒中，放入洁净、擦干的糖度计，再轻轻按一下（注意不要接触量筒壁），同时插入温度计，平衡约 5min，水平观测，读取与弯月面相切处的刻度示值，同时记录温度。根据测得的糖度计示值和温度，查表，换算为 20℃时样品的糖度。所得结果应表示至一位小数。

五、注意事项

1.酶液制备时，酶液浓度最好控制在空白和样品消耗 0.05mol/L 硫代硫酸钠的差数为 $3 \sim 6$ mL（以每 mL $50 \sim 90$ U 为宜）。

2.蒸馏烧瓶中一定要加入沸石，蒸馏过程要全程观察，不允许出现烧瓶内溶液烧干的严重错误。

3.蒸馏过程中乙醇蒸气的逃逸，会严重影响测定结果的准确性。因此蒸馏前必须仔细检查仪器各连接处是否严密。若蒸馏中出现漏气，必须重新测定。

4.蒸馏时，应先小火加热，待溶液沸腾后再慢慢用大火焰。对于易产生泡沫的酒样加少量消泡剂。但是加过消泡剂的试样蒸馏残液，不能用来作浸出物的测定。

六、实验结果

1.观察实验现象，尤其是淀粉糖化和酒精发酵过程的现象，记录并分析原因。测定酒精度。

2.测定发酵开始和终止时的糖浓度，结合酒精发酵的理论得率，计算本实验的得率，分析影响得率的因素。

3.发酵过程中，间隔适当时间取样测定酒精浓度，记录酒精浓度变化情况，绘制酒精浓度变化曲线，并对曲线做分析。

七、思考题

1.酒精发酵的工艺要点是什么？

2.酒精得率能达到100％吗？为什么？

实验 18

谷氨酸发酵

一、实验目的

1.了解发酵工业菌种制备工艺和质量控制。

2.了解发酵罐罐体构造和使用方法。

3.掌握谷氨酸发酵的工艺流程。

二、实验原理

谷氨酸棒杆菌是代谢异常化的菌种，对环境因素的变化很敏感，在适宜的培养条件下，谷氨酸产生菌能够将50％以上的糖转化成谷氨酸，而只有极少量的副产物。如果培养条件不适宜，则几乎不产生谷氨酸，仅得到大量的菌体或者由发酵产生的乳酸、琥珀酸、α-酮戊二酸、丙氨酸、谷氨酰胺、乙酰谷氨酰胺等产物。生产上的中间分析只测定一些主要数据，只能显示微生物代谢的一般概况而不能反映细微的生化变化。

在 NaOH 存在下，3,5-二硝基水杨酸（DNS）与还原糖共热后被还原生成氨基化合物。在过量的 NaOH 碱性溶液中此化合物呈橘红色，在

540nm 波长处有最大吸收，在一定的浓度范围内，还原糖的量与光吸收值呈线性关系，利用比色法可测定样品中的含糖量。

L-氨基酸与茚三酮在加热下可发生特有的氨基酸显色反应，产物显示其特有的蓝紫色。不同谷氨酸与茚三酮反应得到的显色产物的最大吸收波长不同，即 λ_{max} 不同；加之显色深浅不同，反映出相应氨基酸的不同含量。以此为依据，可为谷氨酸定性及定量。在 pH 5～6 范围内氨基酸的显色反应最灵敏。由葡萄糖生物合成谷氨酸的代谢途径如图 1-11 所示。

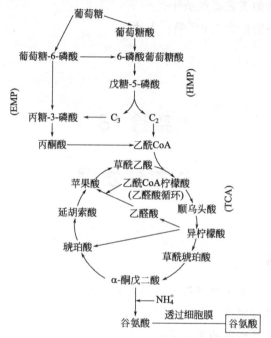

图 1-11　由葡萄糖生物合成谷氨酸的代谢途径

三、实验器材

1. 菌种

谷氨酸棒杆菌（*Corynebacterium glutamicum*）。

2. 培养基

（1）一级种子培养基

葡萄糖 2.5%，尿素 0.5%，硫酸镁 0.04%，磷酸氢二钾 0.1%，玉米浆 3%，硫酸亚铁 2mg/L，硫酸锰 2mg/L。

（2）二级种子培养基

葡萄糖 2.5%，尿素 0.34%，磷酸氢二钾 0.16%，糖蜜 1.16%，硫酸镁 0.043%，消泡剂 0.01%，pH 7.0。

3. 溶液与试剂

（1）3,5-二硝基水杨酸（DNS）

6.3g DNS 和 262mL 2mol/L NaOH 加到 500mL 含有 182g 酒石酸钾钠的热水溶液中，再加 5g 苯酚和 5g 亚硫酸钠，搅拌溶解，冷却后加水定容至 1000mL，贮于棕色瓶中。

（2）葡萄糖标准溶液

准确称取干燥恒重的葡萄糖 40mg，加少量蒸馏水溶解后，以蒸馏水定容至 100mL。

（3）标准样品

谷氨酸标准品稀释至 3mg/mL，pH 5.5～6。

（4）茚三酮溶液

称取 0.5g 茚三酮溶于 100mL 丙酮中，避光。

4. 仪器设备

高压蒸汽灭菌锅、恒温摇床、培养箱、光学显微镜、蒸汽发生器、生物发酵系统、空气压缩机、分光光度计、水浴锅、电炉等。

5. 其他材料

锥形瓶、比色管、离心管、枪头、移液管等。

四、实验内容

1. 一级种子的制备

1000mL 锥形瓶中装 250mL 一级种子培养基，0.1MPa 灭菌 30min，冷却后将斜面种子接种至一级种子培养基 30～32℃恒温摇床培养 12h。

2. 二级种子培养

1000mL 锥形瓶装 300mL 二级种子培养基，0.1MPa 灭菌 10min，冷却后将一级种子培养物接种于二级种子培养基中，恒温摇床培养 7～8h。

3. 发酵罐接种

（1）接种

将前次实验制备的二级种子接入发酵罐。接种时，先缓慢降低罐压，关闭进排气阀，在接种口上绕上酒精棉点燃，用钳子逐步打开接种阀，将菌种液倒入发酵罐内，盖上接种阀，旋紧。

（2）发酵过程的控制

① 发酵过程的温度控制

谷氨酸发酵 0～12h 为长菌期，最适温度在 30～32℃，发酵 12h 后，进入产酸期，控制 34～36℃。由于发酵期代谢活跃，发酵罐要注意冷却，防止温度过高引起发酵迟缓。

② 发酵过程 pH 控制

发酵过程中产物的积累导致 pH 的下降，而氮源的流加（氨水、尿素）导致 pH 的升高，发酵中，当 pH 降到 7.0 左右时，应及时流加氮源。长菌期（0～12h）控制 pH 在 6.8～7.0，产酸期（12h 以后）控制 pH 在 7.2 左右。

③ 放罐

残糖在 1% 以下且糖耗缓慢（<0.15%/h）或残糖<0.5% 后，及时放罐。

（3）葡萄糖标准曲线制作

取 6 支试管，加入 0.4mg/mL 葡萄糖标准液 0、0.2mL、0.4mL、0.6mL、0.8mL、1.0mL，蒸馏水补至 1.0mL。在上述试管中分别加入 DNS 试剂 2.0mL，于沸水浴中加热 2min 进行显色，取出后用冰浴迅速冷却，各加入蒸馏水 9.0mL，摇匀，在 540nm 波长处测定光吸收值。以 1.0mL 蒸馏水代替葡萄糖标准液按同样显色操作，作为空白调零点。以葡萄糖含量（mg）为横坐标，光吸收值为纵坐标，绘制标准曲线。

（4）样品中还原糖的测定

在发酵罐中小心取样，然后 4000r/min 离心 5min 除去菌体细胞，稀释 200 倍，取 1.0mL 于试管中，加 DNS 试剂 2.0mL，于沸水浴中加热 2min 进行显色，取出后用冰浴迅速冷却，各加入蒸馏水 9.0mL，摇匀，在 540nm 波长处测定光吸收值。测定后，取样品的光吸收平均值在葡萄糖标准曲线上查出相应的糖量。

（5）谷氨酸标准曲线制作

取试管，分别加入配制好的谷氨酸标准品溶液 0.1mL，0.2mL，0.3mL，0.4mL，0.5mL，补水至 3mL。随后每支试管中加入 0.5mL 茚三酮试剂，塞上 PVC 胶塞。摇匀管内溶液，置于试管架中，将试管架迅速置于 80℃ 水浴锅中加热 15min，在此期间切勿将试管架拿出。然后快速取出到时间的试管，再将试管架插入冰浴锅中，冷却 5min。到时间后，混匀，以蒸馏水为空白对照，测出各浓度标准样品 OD_{569} 值。

（6）谷氨酸发酵液预处理

取谷氨酸发酵液于 11400r/min 离心 5min，取上清液弃去菌体，用蒸馏水稀释 10 倍，调节 pH 5.5～6 后备用。

（7）发酵样品谷氨酸含量检测

取 3mL 预处理好的发酵液加入玻璃试管中，调整发酵液 pH 在 5.5 左右，沿试管壁加入 0.5mL 茚三酮试剂，塞上 PVC 胶塞。将试管中液体摇匀，置于试管架中，将试管架迅速置于 80℃水浴中加热 15min。快速取出到保温时间的试管，再将试管架插入冰浴锅中，冷却 5min。到时间后，混匀，将分光光度计波长调至 569nm 处，以 10 倍稀释的空白液体发酵培养基为空白对照，测出 OD_{569} 值。

五、注意事项

1.菌种污染势必导致发酵的失败，轻者产酸下降，严重的不积累产物。因此，在菌种制备的整个过程中，都要树立起牢固的无菌概念，工作力求细致到位。

2.标准曲线制作与样品含糖量测定应同时进行，一起显色和比色。

六、实验结果

1.绘制葡萄糖标准曲线，将各管的 OD 值填入表 1-20。

表 1-20　葡萄糖标准液的吸光值

管号	葡萄糖标准液/mL	蒸馏水/mL	葡萄糖含量/mg	OD_{540}
0	0.0	1.0	0.00	
1	0.2	0.8	0.08	
2	0.4	0.6	0.16	
3	0.6	0.4	0.24	
4	0.8	0.2	0.32	
5	1.0	0.0	0.40	

2.测定样品中还原糖含量（数据填入表 1-21），绘制发酵过程中还原糖含量随时间变化图。

表 1-21   发酵过程中还原糖含量变化

t/h	4	6	8	10	12	14	16	22
OD_{540}								

3.绘制谷氨酸标准曲线。

4.测定样品中谷氨酸量（数据填入表 1-22），绘制发酵过程中谷氨酸含量随时间变化图。

表 1-22   发酵过程中谷氨酸含量变化

t/h	2	4	6	8	10	12	14	16	18	20	22	24
OD_{569}												

七、思考题

1.影响谷氨酸发酵的主要因素有哪些？

2.发酵罐进行空消的方法有哪些？

实验 19

食用真菌的培养

一、实验目的

1.学习和掌握食用菌的组织分离法，制作食用菌母种。

2.掌握食用菌培养基的配制原理。

3.通过双孢菇、平菇、秀珍菇、金针菇、鸡腿菇、香菇、榆黄菇的栽培实验，掌握食用菌代料栽培的一般方法和栽培管理技术。

二、实验原理

食用菌在生长时需要多种多样的营养物质，除水和氧气外，还要碳、氮、钾、磷、硫、镁、铁等元素。各种食用菌对营养物质的要求各不相同，有的要求不严格，有的要求严格。食用菌在自然界中，并不是单独存在的，而是和无数的微生物生活在一起的。这些微生物和食用菌构成极复杂的生物环境，其中包括共生、伴生、寄生、抵抗等各种关系。在栽培实践中，应尽可能根据各种食用菌生长的具体要求，模拟和创造出最适宜的生活环境，以获得最高的产量和最好的质量。食用菌的母种一般是采用孢子分离法或组织分离法得到的纯培养物。利用食用菌子实体内部组织进行分离，是获得母种最简便的方法。

三、实验器材

1. 菌种

双孢菇、金针菇、鸡腿菇、香菇等。

2. 培养基

PDA 培养基斜面。

3. 培养料

棉籽壳 3900g，麸皮 1000g，蔗糖 50g，$CaCO_3$ 50g，水 5000mL，pH 7.4～7.6。

4. 仪器设备

高压蒸汽灭菌锅、恒温摇床、超净工作台、pH 计等。

5. 其他材料

搪瓷盘、培养皿、三角烧瓶、玻璃珠、吸管、离心管、锥心瓶、接种铲、接种针、镊子、小刀、滤纸、橡皮筋、麻绳等。

四、实验内容

(一) 组织分离法制作食用菌母种

1. 选择种菇

选择肥壮菇体作种菇。

2. 种菇消毒

取 1 张菇片，用 70% 的酒精轻擦表面进行消毒。

3. 菇肉接种

将菇片纵向撕开，在每个裂面靠近菇柄与菌盖的交界处取一米粒大小的菇肉组织接种于 PDA 试管斜面上。

4. 培养

将试管斜面置于 15～30℃ 下培养。

(二)食用菌的栽培实验

1. 拌料

按培养料配方准确称取所需的棉籽壳和麸皮放入大盆中用手搅拌混合均匀，将所需的蔗糖和$CaCO_3$溶于水中，然后泼洒在棉籽壳和麸皮上，边加水边搅拌，直至均匀。搅拌好后，焖30min，使培养料吸水均匀。

2. 装袋

边加边将培养料压实，装至1/2左右，袋口套上颈圈，用大拇指在培养料中打一洞，盖上封口膜，用橡皮筋扎紧，用记号笔做好标记。

3. 灭菌

126℃高压蒸汽灭菌90min。

4. 接种

栽培袋冷却到25℃左右，在超净工作台上用镊子或接种枪夹取所需菌种（约30cm）放入培养料袋的洞中。

5. 培养

接种后的栽培袋，放在培养架上，保持空气湿度60%～65%，每周翻堆一次，使上下发菌一致，同时挑出污染的栽培袋丢弃，一般30～40天，菌丝即可长满菌袋。

6. 出菇管理

根据实验原理针对不同种类的菇给予合适的生活环境和管理措施。

7. 采收

出现第一批菇蕾，要立即不留茬基采收。从菌蕾发生到采收需7～8天。采收后，继续培养，进行湿度、温度、通风和散射光的管理，直至又出现一批菇蕾，可采收第二茬菇，再继续可收第三茬。

五、注意事项

1. 在整个操作过程中都要注意无菌操作，一切用具都要消毒。

2. 要等刀片冷却后再切取组织块。

3. 栽培种在培养过程中，应经常检查，污染袋要及时检查出处理掉。经过30～40天的培养，菌丝长满袋后即可使用。若菌袋内长出原基，说明菌种已经老化。若有黄、绿、黑等杂色斑点或连成片时，说明菌种已经污染，不可使用。

4.菌种的选择：优质菌种是决定栽培产量的主要因素。菌种选择不当会严重影响产量。一般选择外观为白色的菌种。如有其他真菌污染，从菌种外观上可看到其他颜色的菌落。正常的原种和栽培种在生长中和长满时都应色泽鲜亮、上下一致、洁白，而不应灰暗苍白。如果一瓶（袋）菌种，上下色泽不一致，特别是上部灰暗时，应剔除不用。

六、实验结果

1.试用简图说明生产平菇的主要过程。

2.记录出菇的全过程，分析存在的问题，提出改进意见。

七、思考题

1.比较平菇的固体培养和液体培养的优、缺点。

2.市场销售的食用真菌有哪些？生产过程有何差异。

第二部分

工业微生物分离与鉴定技术

实验 20

利用 16S rRNA 基因序列分析进行
微生物分类鉴定

一、实验目的

1. 了解微生物分子鉴定的原理和应用。
2. 掌握利用 16S rRNA 基因进行微生物分子鉴定的操作方法。
3. 运用软件构建系统发育树并对微生物进行系统发育关系分析。

二、实验原理

原核生物 16S rRNA 基因（真核 18S rRNA 基因）序列分析技术已被广泛应用于微生物分类鉴定。核糖体 rRNA 对所有生物的生存都是必不可少的。其中 16S rRNA 在细菌及其他微生物的进化过程中高度保守。16S rRNA 分子中含有高度保守的序列区域和高度变化的序列区域，因此很适于对进化距离不同的各种生物亲缘关系的比较研究。

借鉴恒定区的序列设计引物，将 16S rRNA 基因片段扩增出来，测序获得 16S rRNA 基因序列，再与生物信息数据库（如 GenBank）中的 16S rRNA 基因序列进行比对和同源性分析比较，利用可变区序列的差异构建系统发育树，分析该微生物与其他微生物之间在分子进化过程中的系统发育关系（亲缘关系），从而达到对该微生物分类鉴定的目的。通常认为，16S rRNA 基因序列同源性小于 97%，可以认为属于不同的种，同源性小于 93%，可以认为属于不同的属。

系统进化树（系统发育树）是研究生物进化和系统分类中常用的一种树状分枝图形，用来概括各种生物之间的亲缘关系。通过比较生物大分子序列（核苷酸或氨基酸序列）差异的数值构建的系统树称为分子系统树。系统树分有根树和无根树两种形式。无根树只是简单表示生物类群之间的系统发育关系，并不反映进化途径。而有根树不仅反映生物类群之间的系统发育关系，而且反映出它们有共同的起源及进化方向。分子系统树是在进行序列测定获得分子序列信息后，运用适当的软件由计算机根据各微生物分子序列的相似性或进化距离来构建的。计算分析系统发育相关性和构建系统树时，可以采用不同的方法，如基于距离的方法 UPGMA、ME(minimum evolution，最小进化法)、NJ(neighbor-joining，邻接法)、MP(maximum parsimony，最大简约法)、ML(maximum likelihood，最大似然法) 和贝叶斯 (Bayesian) 推断等方法。构建进化树需要做 Bootstrap（自举法检验）检验，一般 Bootstrap 值大于 70，认为构建的进化树较为可靠。如果 Bootstrap 值过低，所构建的进化树的拓扑结构可能存在问题，进化树不可靠。一般采用两种不同方法构建进化树，如果所得进化树相似，说明结果较为可靠。常用构建进化树的软件有 Phylip、Mega、PauP、T-REX 等。

本实验以枯草芽孢杆菌为例，应用 16S rRNA 基因序列分析技术进行微生物鉴定。

三、实验器材

1. 菌种和质粒

（1）菌种：枯草芽孢杆菌 (*Bacillus subtilis*)，大肠杆菌 DH-5α。

（2）质粒：pMD18-T 载体。

2. 溶液与试剂

琼脂糖、细菌基因组提取试剂盒、dNTP、*Taq* DNA 聚合酶、PCR 产物纯化试剂盒、T4DNA 连接酶、X-gal、异丙基硫代-*β*-D 半乳糖苷（IPTG）、限制性内切酶 *Sph* I 和 *Pst* I 等。

3. 仪器设备

PCR 仪、电泳仪、高速冷冻离心机、凝胶成像系统、净化工作台、恒温摇床、电子天平、恒温培养箱等。

四、实验内容

1. 设计合成引物

使用 16S rRNA 全长通用引物。引物 1：5′-AGAGGTTGATCCTG-GCTCAG-3′。引物 2：5′-TAGGGTTACCTTGTTACGACTT-3′。提交基因合成公司合成。

2. PCR 扩增 16S rRNA 基因片段

以菌种基因组 DNA 为模板，最适量为 0.1～1.0ng，过多可能引发非特异性扩增，过少可能扩增失败。PCR 体系一般用 25μL，使用保真度较高的 DNA 聚合酶。

反应体系：

模板	1μL
引物 1	0.5μL
引物 2	0.5μL
dNTP(10mmol/L)	0.5μL
Taq DNA 聚合酶（5U/mL）	0.5μL
10×PCR 溶液	2.5μL
灭菌水	至 25μL

PCR 反应：94℃ 预变性 5min，94℃变性 30s，65℃退火 40s，72℃延伸 90s，30 个循环，72℃保持 10min。4℃存放。

3. 琼脂糖凝胶电泳检测 PCR 产物

配制 1% 琼脂糖凝胶，取 4μL PCR 产物，混合 0.5μL 6×上样缓冲液加样，DL2000 Marker 作为分子量标准，在 1×TAE 缓冲液中，110V 电泳 45～60min，溴乙锭（EB）染色，紫外凝胶成像仪中观察，16S rRNA 基因片段大约为 1.5kb。

4. 胶回收 16S rRNA 基因片段

（1）电泳

配制 1% 琼脂糖凝胶，将 PCR 获得的 16S rRNA 基因与上样缓冲液混合，加入到一大的胶孔中，110V 恒压电泳 45～60min。

（2）切胶

紫外灯下，用无菌刀片切下条带转移至干净的 1.5mL 离心管中。

（3）胶回收

① 准确称量凝胶的质量，按 1g 约相当于 1mL 计，加入 5 倍体积的 TE 缓冲液，盖上盖子，于 65℃保温 5min 熔化凝胶。

② 待凝胶冷却至室温，加入等体积的 Tris 饱和酚（pH 8.0），剧烈振荡混匀 20s。20℃，10000r/min 离心 10min，回收水相。

③ 加入等体积的酚：氯仿（pH 8.0 的 Tris 饱和酚与氯仿等体积混合），剧烈振荡，20℃，10000r/min 离心 10min，回收水相。

④ 用等体积的氯仿抽提上清，颠倒混匀，20℃，10000r/min 离心 10min，回收水相。

⑤ 将水相移到一新的 1.5mL 离心管，加入 20%体积的 10mol/L 乙酸铵和 2 倍体积的无水乙醇，混匀后在室温下放置 20min。然后于 4℃，12000r/min 离心 10min，弃上清液，打开管盖，晾干沉淀，将沉淀溶解在一定量的无菌双蒸水中备用。

5. 16S rRNA 基因片段通过 pMD18-T 载体进行克隆

（1）连接

在 0.5mL 的微量离心管中分别加入以下溶液，16℃连接过夜（12～14h）。

pMD18-T 载体	100ng
胶回收的 16S rRNA 基因	50ng
T4DNA 连接酶	1μL
2×连接缓冲液	5μL
无菌双蒸水	至 10μL

（2）转化

将连接好的载体在冰上放置 5min，然后全部加入到装有 200μL 大肠杆菌 DH-5α 感受态细胞的微量离心管中，用预冷的微量移液器头轻轻混匀，置于冰上 5min。然后 42℃水浴热击 90s，迅速将离心管转移到冰上，放置 5min。将转化细胞转移到 10mL 无菌试管中，加入 1mL 37℃预热的 LB 培养基，37℃，200r/min 振荡培养 1h。

（3）重组子的筛选

将上述培养液涂布到含有氨苄青霉素、IPTG 和 X-gal 的 LB 平板上，37℃恒温培养过夜，出现白色菌落一般是重组子。

（4）重组子的酶切鉴定

挑取几个白色菌落，分别接种到含有终浓度 100μg/mL 氨苄青霉素的 LB 液体培养基中，37℃振荡培养过夜。用碱法提取转化子质粒。用限制性内切酶 *Sph* I 和 *Pst* I，37℃酶切 2～3h。将酶切产物加样到 1%琼脂糖凝胶进行电泳，观察 1.5kb 左右的酶切条带，证明是正确的重组子。

6. 16S rRNA 基因的序列测定

将验证正确的重组子交给专业测序公司完成测序。

7. 序列分析与系统发育树的构建

（1）相似序列的获取

用 BLAST 生物信息数据库搜索功能进行在线相似性搜索，选择几个已知分类地位的相似序列。

（2）多重序列比对分析

用 Clustal X 软件对多个相似序列进行多重序列比对分析。

（3）构建系统发育树

利用 Mega 7.0 软件构建系统发育树，进行系统发育关系分析。

五、实验结果

1. 将 PCR 扩增的凝胶电泳结果扫描图打印出来，并对结果加以分析说明。

2. 对重组子筛选平板上的菌落特征进行描述和分析。

3. 对 PCR 产物进行测序，将所得的序列进行序列特征分析。

4. 对基于 16S rRNA 基因的序列构建的系统发育树进行系统发育关系分析。

六、思考题

1. 16S rRNA 基因的序列有什么特征？

2. 利用 16S rRNA 基因序列分析方法获得的鉴定结果与菌株已知的分类结果是否一致？若不一致，如何确定其准确的分类地位？

实验 21

活性污泥中菌胶团及生物相的观察

一、实验目的

1. 观察活性污泥（或生物膜）的微生物种类及形态。

2. 了解污泥微生物的生物环境及其在污水处理过程中的指标作用。

二、实验原理

活性污泥中生物相较复杂，以细菌、原生动物为主，还有真菌、后生动物等。某些细菌能分泌胶黏物质形成菌胶团，进而组成污泥絮凝体（绒粒）。污泥絮凝体大小对污泥初始沉降速率影响较大，絮凝体大的污泥沉降快。污泥絮凝体大小按平均直径可分为 3 类：大粒污泥，絮凝体平均直径＞500μm；中粒污泥，絮凝体平均直径为 150～500μm；细粒污泥，絮凝体平均直径＜150μm。

污泥絮粒性状是指污泥絮粒的形状、结构、紧密度及污泥中丝状菌的数量。镜检时可把近似圆形的絮粒称为圆形絮粒，与圆形截然不同的称为不规则形状絮粒。絮粒中网状空隙与絮粒外面悬液相连的称为开放结构，无开放空隙的称为封闭结构。絮粒中菌胶团细菌排列致密，絮粒边缘与外部悬液界限清晰的称为紧密的絮粒；边缘界限不清的称为疏松的絮粒。

活性污泥中的丝状菌数量是影响污泥沉降性能最重要的因素。当污泥中丝状菌占优势时，可从絮粒中向外伸展，阻碍了絮粒间的浓缩，使污泥 SV30 值和 SVI 值升高，造成活性污泥膨胀。根据污泥中丝状菌与菌胶团细菌的比例，可将丝状菌分成如下五个等级：0 级（污泥中几乎无丝状菌存在）；±级（污泥中存在少量丝状菌）；＋级（污泥中存在中等数量的丝状菌，总量少于菌胶团细菌）；＋＋级（污泥中存在大量丝状菌，总量与菌胶团细菌大致相等）；＋＋＋级（污泥絮粒以丝状菌为骨架，数量超过菌胶团而占优势）。

三、实验器材

1. 样品来源

活性污泥（或生物膜）样品。

2. 仪器设备

光学显微镜。

3. 其他材料

量筒、载玻片、盖玻片、滴管、镊子、微型动物计数板等。

四、实验内容

1. 污泥标本片的制备

取活性污泥混合液 1～2 滴滴于载玻片上（如混合液中污泥较少，可待其沉淀，取沉淀后的污泥 1 小滴放在载玻片上；如混合液中污泥较多，应稀释后进行观察），盖上盖玻片，即制成活性污泥标本片。

2. 观察活性污泥生物相

（1）低倍镜观察

注意观察污泥絮凝体的大小，污泥结构的松散程度，菌胶团细菌和丝状菌的比例及生长状况，并加以记录和做必要的描述。观察微型动物的种类、活动状况，对主要种类进行计数。

（2）高倍镜观察

高倍镜观察可进一步看清楚微型动物特征，观察时注意微型动物的外形和内部结构，如钟虫体内是否存在食物胞、纤毛环的摆动情况等。观察菌胶团细菌时，应注意胶质的厚薄和色泽、新生菌胶团细菌的比例。观察丝状菌时，注意丝状菌的生长，细胞的排列、形态和运动特征，以判断丝状菌的种类，并进行记录。

（3）油镜观察

鉴别丝状菌的种类时，需使用油镜。这时可将活性污泥样品先制成涂片再进行染色，应注意观察是否存在假分枝和衣鞘，菌体在衣鞘内的空缺情况，菌体内有无储藏物质的积累和储藏物质的种类等，还可借助鉴别染色技术观察丝状菌对该染色的反应。

3. 微型动物的计数

（1）取活性污泥混合液盛于烧杯内，用玻璃棒轻轻搅匀，如混合液较浓，可稀释成 1∶1 的液体后观察。

（2）取灭菌滴管 1 支（滴管每滴水的体积应预先测定，一般可选用一滴水的体积为 1/20mL 的滴管），吸取搅匀的混合液，加一滴到计数板的中央方格内，然后加上一块洁净的大号盖玻片，使其四周正好搁在计数板四周凸起的边框上。

4. 用低倍镜进行计数

注意所滴加的液体不一定布满整个 100 格小方格。计数时，只要把充有污泥混合液的小方格挨着次序一行行计算即可。若是群体，则需将群体和群体上的个体分别计数。

5. 计算

设在一滴水中含钟虫 50 只，样品按 1∶1 稀释，则每毫升混合液中含钟虫数应为 50 只×20×2＝2000 只。

五、注意事项

1. 污泥混合液的浓度要适当，否则影响观察的效果。

2. 制作活性污泥压片标本片在加盖玻片时，要先使盖玻片的一边接触水滴，然后轻轻放下，否则会形成气泡，影响观察。

3.实验过程中要仔细观察污泥絮凝体的特性、菌胶团细菌和丝状菌的生长情况及微型动物的外形和内部结构等。

六、实验结果

将观察结果填入表 2-1，需要进行选择的在符合处打√表示。

表 2-1　活性污泥的镜检和计数结果

絮凝体大小		平均(＿μm)
絮凝体形态		圆形;不规则形
絮凝体结构		开放;封闭
絮凝体紧密度		紧密;疏松
丝状菌数量		0;±;+;++;+++
游离细菌		几乎不见;少;多
微型动物	优势种(数量及状态)	
	其他种(种类、数量及状态)	

七、思考题

1.活性污泥和生物膜中微生物类群的组成对反应器处理有机废水的效率有何影响？

2.怎样通过了解微型动物种类或数量变化来反映废水处理情况？

实验 22

土壤中四大类微生物的分离与鉴别

一、实验目的

1.学习从样品中分离各大类微生物的方法。

2.了解各大类微生物的鉴别方法。

二、实验原理

土壤中具备了微生物所需的营养、空气和水分，存在大量不同种类的微生物。土壤中不同种类的微生物的存在概率不一样，为获得所需要的特殊种类的微生物，避免其他微生物的干扰，通常在分离时添加某些抑菌剂，或在特定的条件下培养，以提高目的菌株的检出率。

三、实验器材

1.土壤来源

选择适宜的采土地点，取地下 5~10cm 土壤 10g，装入灭菌的牛皮纸袋内密封，及时进行分离。

2.培养基

（1）牛肉膏蛋白胨培养基

牛肉膏 5g/L，蛋白胨 10g/L，NaCl 5g/L，琼脂 20g/L，pH 7.2~7.4。

（2）高氏 1 号培养基

可溶性淀粉 20g/L，NaCl 0.5g/L，KNO_3 1g/L，$K_2HPO_4 \cdot 3H_2O$ 0.5g/L，$MgSO_4 \cdot 7H_2O$ 0.5g/L，$FeSO_4 \cdot 7H_2O$ 0.01g/L，琼脂 20g/L，pH 7.4~7.6。

（3）马铃薯培养基

马铃薯（马铃薯去皮，切成块煮沸半小时，然后用纱布过滤）200g/L，蔗糖（或葡萄糖）20g/L，琼脂 20g/L，pH 7.0~7.2。

3.试剂和溶液

去氧胆酸钠、孟加拉红、重铬酸钾（$K_2Cr_2O_7$）、青霉素、链霉素、制霉菌素等。

4.仪器设备

高压蒸汽灭菌锅、净化工作台、光学显微镜等。

5.其他材料

土壤、培养皿、移液枪、锥形瓶、烧杯、试管、玻璃珠、接种环、酒精灯等。

四、实验内容

1. 制备土壤稀释液

称取土样 5g，放入盛 45mL 无菌水并带有玻璃珠的三角烧瓶中，振摇约 20min，使土样与水充分混合，将菌分散，配制成 10^{-1} 稀释度土壤溶液。用一支 1mL 无菌吸管从中吸取 1mL 土壤悬液注入盛有 9mL 无菌水的试管中，吹吸三次，使其充分混匀。然后再用一支 1mL 无菌吸管从此试管中吸取 1mL 注入另一盛有 9mL 无菌水的试管中，依此类推制成 10^{-2}、10^{-3}、10^{-4}、10^{-5}、10^{-6}、10^{-7} 各种稀释度的土壤溶液。

2. 细菌的分离

（1）制作平板

取灭菌冷却至 45~50℃ 的牛肉膏蛋白胨培养基，加入过滤除菌的制霉菌素，使其终浓度为 50U/mL。充分混匀后，向无菌培养皿中倒入 15~20mL 培养基，冷凝。

（2）平板分离

用移液枪在 10^{-6}、10^{-5}、10^{-4} 土壤稀释液中分别吸取 $200\mu L$ 土壤稀释液置于平板里，每个稀释度做 2~3 个平行皿，涂布均匀。

（3）培养

将涂布好的平板置于 37℃ 的恒温箱上倒置培养，24~48h 后观察结果。

3. 放线菌的分离

（1）制作平板

取灭菌冷却至 45~50℃ 的高氏 1 号培养基，加入过滤除菌的 $75\mu g/mL$ $K_2Cr_2O_7$ 和 $2\mu g/mL$ 青霉素，摇匀后倾注平板，冷凝。

（2）平板分离

用移液枪在 10^{-4}、10^{-3}、10^{-2} 土壤稀释液中分别吸取 $200\mu L$ 土壤稀释液置于平板里，每个稀释度做 2~3 个平行皿，涂布均匀。

（3）培养

将涂布好的平板置于 28℃ 的恒温箱上倒置培养，5~7 天后观察结果。

4. 霉菌的分离

（1）制作平板

取灭菌冷却至 45~50℃ 的马铃薯培养基，加入无菌的 1/3000 孟加拉红、链霉素 50U/mL、0.1% 去氧胆酸钠溶液，摇匀后倾注平板，冷凝。

（2）平板分离

用移液枪在 10^{-4}、10^{-3}、10^{-2} 土壤稀释液中分别吸取 $200\mu L$ 土壤稀释液置于平板里，每个稀释度做 $2\sim3$ 个平行皿，涂布均匀。

（3）培养

将涂布好的平板置于 28℃ 的恒温箱上倒置培养，$3\sim5$ 天后观察结果。

5. 酵母菌的分离

（1）制作平板

取灭菌冷却至 $45\sim50℃$ 的马铃薯培养基，加入 $50U/mL$ 链霉素，摇匀后倾注平板，冷凝。

（2）平板分离

用移液枪在 10^{-6}、10^{-5}、10^{-4} 土壤稀释液中分别吸取 $200\mu L$ 土壤稀释液置于平板里，每个稀释度做 $2\sim3$ 个平行皿，涂布均匀。

（3）培养

将涂布好的平板置于 28℃ 的恒温箱上倒置培养，$2\sim3$ 天后观察结果。

6. 菌株观察

（1）形态观察

肉眼观察平板上菌落的形态特征，区分四种微生物的典型菌落，用接种环挑菌检查与基质结合紧密程度。用接种环各挑取四种微生物在载玻片上，在光学显微镜下观察个体形态。

（2）平板菌落计数

通过菌落形态观察划分大类后，可对菌落进行计数，算出每克土样中的含菌数。

每克含菌样品中微生物活菌数(个/g)＝(同一稀释度平板菌数平均数×稀释倍数×10)/含菌样品质量(g)

7. 菌株纯化

挑取以上各类菌落，于平板培养基上划线接种，进一步分离纯化。得到纯培养后，挑取单菌落分别接种于相应的斜面培养基，采取适宜的方法保存。

五、注意事项

1.一般土壤中，细菌最多，放线菌和霉菌次之，而酵母菌主要见于果园和菜园土壤中，故从土壤分离细菌时应取较高的稀释度，否则菌落将连成一片而不能计数。

2.放线菌的生长时间比较长，故制作平板时，培养基的量应多加一点。

3.观察菌落特点时应选择分离较开的很大的菌落，对培养基和试管要编好号码，不要随意移动开盖，以免搞混菌号或受到污染。

六、实验结果

1.在你所实验的培养基平板上，长出的菌落分属于哪个类群？将菌落形态特征填入表 2-2。

表 2-2　未知菌落的形态观察记录表

培养皿	菌落号	湿		干		菌落描述							判断结果
		厚薄	大小	松密	大小	表面	边缘	隆起形状	颜色			透明度	
									正面	反面	色素		
1	1												
1	2												
2	1												
2	2												
3	1												
3	2												

2.将分离的一类微生物平板菌落计数结果填入表 2-3 中。

表 2-3　微生物平板菌落计数结果

实验组	每皿长出菌落数/个			
	细菌	放线菌	霉菌	酵母菌
第 1 皿				
第 2 皿				
第 3 皿				
第 4 皿				
第 5 皿				

七、思考题

1.如何确定平板上某单个菌落是否为纯培养？请写出主要的实验步骤。

2.如果要分离得到酵母菌，在什么地方取样品为宜？并说明理由。

实验 23

水中细菌总数和大肠菌群数的检测

一、实验目的

1. 学习并掌握水体细菌的检验。
2. 学习测定水中大肠菌群数量的多管发酵法。

二、实验原理

水中微生物的检验，特别是肠道细菌的检验，在保证饮水安全和控制传染病上有着重要意义，同时也是评价水质状况的重要指标。国家饮用水标准规定，饮用水中大肠菌群数不得检出，细菌总数每毫升不超过 100 个。

细菌总数是指 1mL 或 1g 检样中所含细菌菌落的总数，所用的方法是稀释平板计数法，由于计算的是平板上形成的菌落数，故其单位应是 CFU/mL(g)。它反映的是检样中活菌的数量。

水的大肠菌群数是指 100mL 水检样内含有的大肠菌群实际数值，以大肠菌群最近似数（MPN）表示。在正常情况下，肠道中主要有大肠菌群、粪链球菌和厌氧芽孢杆菌等多种细菌。这些细菌都可随人畜排泄物进入水源，由于大肠菌群在肠道内数量最多，所以，水源中大肠菌群的数量，是直接反映水源被人畜排泄物污染的一项重要指标。目前，国际上已公认大肠菌群的存在是粪便污染的指标，因而对饮用水必须进行大肠菌群的检查。

水中大肠菌群的检验方法，常用多管发酵法和滤膜法。多管发酵法可运用于各种水样的检验，但操作烦琐，需要时间长。滤膜法仅适用于自来水和深井水，操作简单、快速，但不适用于杂质较多、易于阻塞滤孔的水样。

三、实验器材

1. 样品来源
各地采集的水样。

2. 培养基
（1）牛肉膏蛋白胨培养基：牛肉膏 5g/L，蛋白胨 10g/L，NaCl 5g/L，琼脂 20g/L，pH 7.2~7.4。

（2）3 倍浓缩乳糖蛋白胨培养基：蛋白胨 30g/L，牛肉浸膏 9g/L，乳糖 15g/L，氯化钠 15g/L，溴甲酚紫 0.016g/L，pH 7.3。

（3）伊红亚甲蓝固体培养基：蛋白胨 10g/L，乳糖 10g/L，磷酸氢二钾 2g/L，琼脂 20g/L，蒸馏水 1000mL，2%伊红水溶液 20mL，0.5%亚甲蓝 水溶液 13mL，pH 7.0~7.2。

（4）乳糖胆盐蛋白胨培养基：蛋白胨 20g/L，猪胆盐 5g/L，乳糖 5g/L，溴甲酚紫 0.01g/L，pH 7.4。

（5）3 倍乳糖胆盐发酵培养基：蛋白胨 20g/L，猪胆盐 5g/L，乳糖 10g/L，溴甲酚紫 0.01g/L，pH 7.4。

3. 其他材料

平板、试管、锥形瓶等。

四、实验内容

（一）水中细菌总数的测定（混合平板法）

1. 样品采集

（1）自来水：先将自来水水龙头用酒精灯火焰灼烧灭菌，再开放水龙头使水流 5min，用灭菌锥形瓶接取水样以备分析。

（2）池水、河水、湖水等地面水源水：在距岸边 5m 处，取距水面 10~15cm 的深层水样，先将灭菌的具塞锥形瓶，瓶口向下浸入水中，然后翻转过来，除去玻璃塞，水即流入瓶中，盛满后，将瓶塞盖好，再从水中取出。如果不能在 2h 内检测，需放入冰箱中保存。

2. 样品稀释

按无菌操作法，将水样做 10 倍系列稀释：根据对水样污染情况的估计，选择 2~3 个适宜稀释度（饮用水如自来水、深井水等，一般选择 1、1∶10 两种浓度；水源水如河水等，比较清洁的可选择 1∶10、1∶100、1∶1000 三种稀释度；污染水一般选择 1∶100、1∶1000、1∶10000 三种稀释度），吸取 1mL 稀释液于灭菌培养皿内，每个稀释度作 3 个重复。

3. 培养

将熔化后温度降至 45℃的牛肉膏蛋白胨培养基倒入培养皿，每皿约 15mL，并趁热转动培养皿混合均匀。待琼脂凝固后，将培养皿倒置于 37℃

培养箱内培养24h后取出，计算培养皿内菌落数目，乘以稀释倍数，即得1mL水样中所含的细菌菌落总数。

4. 计算方法

作平板计数时，可用肉眼观察，必要时用放大镜检查，以防遗漏。在记下各平板的菌落数后，求出同稀释度的各平板平均菌落数。

5. 计数的报告

（1）平板菌落数的选择

选取菌落数在30～300之间的平板作为菌落总数测定标准。一个稀释度使用两个重复时，应选取两个平板的平均数。如果一个平板有较大片状菌落生长时，则不宜采用，而应以无片状菌落生长的平板计数作为该稀释度的菌数。若片状菌落不到平板的一半，而其余一半中菌落分布又很均匀，可计算半个平板后乘2以代表整个平板的菌落数。

（2）稀释度的选择

应选择平均菌落数在30～300之间的稀释度，乘以该稀释倍数报告（见表2-4）。

表 2-4　稀释度的选择及菌落数报告方式

编号	稀释度			两稀释度之比	菌落总数/[CFU/g(mL)]	报告方式(菌落总数)/[CFU/g(mL)]
	10^{-1}	10^{-2}	10^{-3}			
1	多不可计	164	20	—	16400	16000
2	多不可计	295	46	1.6	37750	38000
3	多不可计	271	60	2.2	27100	27000
4	多不可计	多不可计	313	—	313000	310000
5	27	11	5	—	270	270
6	0	0	0	—	<10	<10
7	多不可计	305	12	—	30500	31000

若有两个稀释度其生长的菌落数均在30～300之间，则视二者之比来决定。若其比值小于2，应报告其平均数；若比值大于2，则报告其中稀释度较小的数值。

若所有稀释度的平均菌落均大于300，则应按稀释倍数最高的平均菌落数乘以稀释倍数报告之。

若所有稀释度的平均菌落数均小于30，则应按稀释倍数最低的平均菌落数乘以稀释倍数报告之。

若所有稀释度均无菌落生长，则以小于 1 乘以最低稀释倍数报告之。

若所有稀释度的平均菌落数均不在 30～300 之间，则以最接近 30 或 300 的平均菌落数乘以该稀释倍数报告之。

(二) 水中大肠菌群数的测定

1. 生活饮用水或食品生产用水

(1) 初步发酵试验

在 2 个各装有 50mL 的 3 倍浓缩乳糖蛋白胨培养基的锥形瓶中（内有倒置杜氏小管），以无菌操作各加水样 100mL。在 10 支装有 5mL 的 3 倍乳糖胆盐发酵培养基的试管中，以无菌操作各加入水样 10mL。如果饮用水的大肠菌群数变异不大，也可以接种 3 份 100mL 水样。摇匀后，37℃培养 24h。

(2) 平板分离

经 24h 培养后，将产酸产气及只产酸的发酵管（瓶），分别划线接种于伊红亚甲蓝固体培养基（EMB 培养基）上，37℃培养 18～24h。大肠菌群在 EMB 培养基上，菌落呈紫黑色，具有或略带有或不带有金属光泽，或者呈淡紫红色，仅中心颜色较深；挑取符合上述特征的菌落进行涂片，进行革兰氏染色，镜检。

(3) 复发酵试验

将革兰氏阴性无芽孢杆菌的菌落的剩余部分接种于单倍乳糖发酵管中，为防止遗漏，每管可接种来自同一初发酵管的平板上同类型菌落 1～3 个，37℃培养 24h，如果产酸又产气者，即证实有大肠菌群存在。

(4) 报告

根据证实有大肠菌群存在的复发酵管的阳性管数，查表 2-5～表 2-10，报告每升水样中的大肠菌群数（MPN）。

表 2-5　大肠菌群检索表（饮用水）

编号	0	1	2	备注
	每升水样中大肠菌群数/CFU			
0	<3	4	11	
1	3	8	18	
2	7	13	27	接种水样总量 300mL
3	11	18	38	（100mL 2 份，10mL 10 份）
4	14	24	52	

续表

编号	0	1	2	备注
	每升水样中大肠菌群数/CFU			
5	18	30	70	
6	22	36	92	
7	27	43	120	接种水样总量 300mL
8	31	51	161	（100mL 2 份，10mL 10 份）
9	36	60	230	
10	40	69	>230	

表 2-6　大肠菌群数变异不大的饮用水

阳性管数	0	1	2	3	接种水样总量
每升水样中大肠菌群数/CFU	<3	4	11	>18	300mL(3 份 100mL)

表 2-7　大肠菌群检索表（严重污染水）

接种水样量/mL				每升水样中大肠菌群数/CFU	备注
1	0.1	0.01	0.001		
−	−	−	−	<900	
−	−	−	+	900	
−	−	+	−	900	
−	+	−	−	950	
−	−	+	+	1800	
−	+	−	+	1900	
−	+	+	−	2200	
+	−	−	−	2300	接种水样总量为
−	+	+	+	2800	1.111mL(1mL、
+	−	−	+	9200	0.1mL、0.01mL、
+	−	+	−	9400	0.001mL 各一份)
+	−	+	+	18000	
+	+	−	−	23000	
+	+	−	+	96000	
+	+	+	−	238000	
+	+	+	+	>238000	

表 2-8　**大肠菌群检索表**（中度污染水）

接种水样量/mL				每升水样中大肠菌群数/CFU	备注
10	1	0.1	0.01		
—	—	—	—	<90	
—	—	—	+	90	
—	—	+	—	90	
—	+	—	—	95	
—	—	+	+	180	
—	+	—	+	190	
—	+	+	—	220	
+	—	—	—	230	
—	+	+	+	280	接种水样总量为
+	—	—	+	920	11.11mL(10mL、
+	—	+	—	940	1mL、0.1mL、
+	—	+	+	1800	0.01mL 各一份)
+	+	—	—	2300	
+	+	—	+	9600	
+	+	+	—	23800	
+	+	+	+	>23800	

表 2-9　**大肠菌群检索表**（轻度污染水）

接种水样量/mL				每升水样中大肠菌群数/CFU	备注
100	10	1	0.1		
—	—	—	—	<9	
—	—	—	+	9	
—	—	+	—	9	
—	+	—	—	9.5	接种水样总量为
—	—	+	+	18	111.1mL(100mL、
—	+	—	+	19	10mL、1mL、
—	+	+	—	22	0.1mL 各一份)
+	—	—	—	23	
—	+	+	+	28	
+	—	—	+	92	

续表

接种水样量/mL				每升水样中大肠菌群数/CFU	备注
100	10	1	0.1		
+	−	+	−	94	
+	−	+	+	180	接种水样总量为111.1mL(100mL、10mL、1mL、0.1mL 各一份)
+	+	−	−	230	
+	+	−	+	960	
+	+	+	−	2380	
+	+	+	+	>2380	

表 2-10　大肠菌群变异不大的水源水

阳性管数	0	1	2	3	4	5	6	7	8	9	10
每升水样中大肠菌群数/CFU	<10	11	22	36	51	69	92	120	160	230	>230
备注	接种水样总量100mL(10mL 10 份)										

2.水源水的检验

用于检验的水样量，应根据预计水源水的污染程度选用下列各量。

（1）严重污染水：1mL、0.1mL、0.01mL、0.001mL 各 1 份。

（2）中度污染水：10mL、1mL、0.1mL、0.01mL 各 1 份。

（3）轻度污染水：100mL、10mL、1mL、0.1mL 各 1 份。

（4）大肠菌群变异不大的水源水：10mL 10 份。

操作步骤同生活用水或食品生产用水的检验。同时应注意，接种量 1mL 及 1mL 以内用单倍乳糖胆盐发酵管；接种量在 1mL 以上者，应保证接种后发酵管（瓶）中的总液体量为单倍培养液量。然后根据证实有大肠菌群存在的阳性管（瓶）数，报告每升水样中的大肠菌群数（MPN）。

五、实验结果

记录和报告每组样品中所测得的细菌总数和大肠菌群数。

六、思考题

1.为什么大肠杆菌检验要经过复发酵才能证实？

2.做空白对照实验的目的是什么？

实验 24

固氮菌的分离纯化

一、实验目的

1. 学习微生物纯化分离、培养方法。
2. 掌握划线分离纯化固氮菌的方法。

二、实验原理

为了获得某种微生物的纯培养，可采用下列两种方法：一种是提供有利于该微生物生长繁殖的最适培养基及培养条件，如要从土壤中分离自生固氮菌，则其培养基中不能含有 N 源；另一种方法是在培养基中加入某种化学物质，以抑制所不需要的微生物的生长繁殖，分离土壤中真菌，往往在分离真菌的马丁培养基中加入适当的孟加拉红、链霉素和金霉素等化学药品，目的在于抑制细菌生长，这样更有利于获得其纯培养。土壤中微生物数量众多，在肥沃土壤中固氮菌数量也很多，自然界中多数氮素养料是由微生物固氮的结果，固氮菌一般可分为自生固氮菌和共生固氮菌两类。

要分离自生固氮菌，常用阿什比无氮培养基这种选择培养基，控制其适宜环境条件，使它在培养基上大量繁殖。然后采用稀释法和划线分离纯化法，使它在培养基上形成单菌落，如分离所得不纯，需要进一步纯化，直到得到纯种。

三、实验器材

1. 样品来源

菜园土。

2. 培养基

阿什比无氮培养基：甘露醇（或蔗糖、葡萄糖）10g、KH_2PO_4 0.2g、$MgSO_4 \cdot 7H_2O$ 0.2g、NaCl 0.2g、$CaSO_4 \cdot 2H_2O$ 0.1g、$CaCO_3$ 5g、琼脂

20g、水 1000mL。

3. 其他材料

培养皿、镊子、剪刀、接种针、酒精灯等。

四、实验内容

1. 富集培养

（1）将已灭菌后冷却至 50℃左右的阿什比无氮培养基倒成平板。

（2）用已灭菌的镊子将黄豆粒大的菜园土摆入已冷凝的平板培养基上。

（3）正面放置培养箱中培养，28℃培养 3～4 天后，在土粒周围有混浊半透明的胶状菌落出现，有的在后期会产生褐色的色素。

2. 划线分离纯化

（1）将已熔化冷却至 50℃阿什比无氮培养基倒入平板。

（2）用接种环挑取上述菌落少许，在冷凝平板上进行划线分离，而后置 28℃培养 4 天。

3. 纯种培养

（1）平板上出现单菌落，按无菌操作移入阿什比无氮培养基斜面试管中，28℃培养 4 天。

（2）镜检：将斜面菌株进行涂片、染色、镜检。如是粗短杆状或球状的单一形态的菌体细胞较大，常呈单个或 8 字排列，在细胞表面有较厚的荚膜者，即为自生固氮菌。如有杂菌，需要进一步划线纯化。

（3）将得到的纯化菌株，移接到另一阿什比无氮培养基斜面试管，28℃培养 3～4 天，即获得纯培养菌，可冷冻保存，备用。

五、注意事项

1. 在分离、纯化每一操作环节，要严格按照无菌操作进行。
2. 平板划线时，每次都要将接种环上多余菌体烧掉。

六、实验结果

1. 记录分离到菌株的菌落形态特征。
2. 绘出镜检观察到的菌株形态。

七、思考题

1. 分析阿什比无氮培养基成分，说明其适用于分离自生固氮菌的原因。
2. 如何鉴定分离出的菌株为固氮菌？

实验 25

酒曲中根霉菌的分离纯化

一、实验目的

1. 了解酒曲的多种形态、其中的主要微生物及其在米酒发酵中的作用。
2. 掌握根据根霉菌生长特性设计特有的分离及形态观察方法。

二、实验原理

酒曲中通常含有根霉、毛霉及酵母菌，还有一些特有的酶类，在米酒酿造中根霉菌通常起双边发酵的作用，因此根霉种类、发酵特性对于产品的特性品质具有非常重要的意义。

根霉在人工培养基或自然基物上生长时，菌丝体向空间延伸，遇光滑平面后营养菌丝体形成匍匐枝，节间产生假根，假根处匍匐枝上着生成群的孢子囊梗，柄顶端膨大形成孢子囊，囊内产生孢子囊孢子。进行根霉菌分离时常利用此生长和形态特性判断是否为根霉菌，再挑取单个孢子囊孢子进行纯化。

马铃薯葡萄糖培养基（PDA）被广泛用于培养霉菌和酵母菌，它是半合成培养基。

三、实验器材

1. 样品来源

酒曲。

2. 培养基

马铃薯葡萄糖培养基（PDA）：马铃薯 200g/L，葡萄糖 20g/L，琼脂 15～20g/L，pH 7.0～7.2。

3. 溶液与试剂

乳酸石炭酸棉蓝染液、乙醇。

4. 仪器设备

光学显微镜、净化工作台、恒温培养箱等。

5. 其他材料

烧瓶、玻璃珠、培养皿、载玻片、吸管、接种环、玻璃涂棒等。

四、实验内容

1. 分离

（1）倒平板

将马铃薯葡萄糖培养基冷却至 55～60℃均匀地倒入平板，倒 3 皿。

（2）制备酒曲稀释液

称取酒曲 10g，放入盛 90mL 无菌水并带有玻璃珠的三角烧瓶中，振荡约 20min，使细胞分散。用一支 1mL 无菌吸管吸取 1mL 酒曲悬液加入盛有 9mL 无菌水的大试管中充分混匀，此为 10^{-2} 稀释液，依次类推制成 10^{-3}、10^{-4}、10^{-5} 和 10^{-6} 几种稀释度的酒曲溶液。

（3）涂布

将上述培养基的平板底部用记号笔分别写上 10^{-4}、10^{-5} 和 10^{-6} 三种稀释度字样，然后用无菌吸管分别由 10^{-4}、10^{-5} 和 10^{-6} 酒曲稀释液中吸取 0.2mL 放入平板中央，用无菌玻璃涂棒在培养基表面轻轻地涂布均匀，温室下静置 5～10min。

（4）培养

将平板倒置于 28℃恒温培养箱中培养 12～24h。

（5）挑菌落

将培养后长出的单个菌落挑取少许菌苔接种在斜面上，置于 28℃恒温培养箱培养；待菌苔长出后检查其特征是否一致，同时将细胞涂片染色后用光学显微镜检查是否为单一的微生物细胞。若发现有杂菌，须再次进行分离和纯化。

2. 纯化

（1）倒平板

按稀释涂布平板法倒平板，并用记号笔标明培养基名称、溶液编号和实验日期等。

（2）划线

在近火焰处，左手拿皿底，右手拿接种环，挑取上述 10^{-2} 的酒曲稀释液一环在平板上划线。

① 划平行线：用接种环按无菌操作挑取一环稀释液，先在平板培养基的一边做第一次平行划线 3～4 次，再转动平板 70°角，并将接种环上剩余物烧掉，待冷却后挑取稀释液穿过第一次划线部分进行第二次划线，再用同样的方法穿过第二次划线部分进行第三次划线或者再穿过第三次划线部分进行第四次划线。划线完毕后，盖上培养皿盖，倒置于恒温培养箱培养。

② 将挑取有样品的接种环在平板培养基上作连续划线。划线完毕后，盖上培养皿盖，倒置于温室培养。

（3）挑菌落

从分离的平板上单个菌落挑取少许菌苔，涂在载玻片上，在光学显微镜下观察细胞的个体形态，结合菌落形态特征，综合分析。如不纯，仍须采用平板分离法进行纯化，直至确认为纯培养为止。

3. 霉菌的制片

滴一滴乳酸石炭酸棉蓝染液于载玻片上，用镊子从根霉马铃薯琼脂培养物中取丝，先放入 50％乙醇中浸一下洗去脱落的孢子，然后置于染液中，用解剖针小心将菌丝分开，去掉培养基，盖上盖玻片，用低倍镜和高倍镜镜检。

五、实验结果

1. 记录分离到菌株的菌落形态特征。
2. 绘出镜检观察到的菌株形态。

六、思考题

1. 筛选根霉菌还可采用哪些原材料？
2. 根霉菌的鉴定可用哪些方法？

土壤中纤维素分解菌的分离

一、实验目的

1. 了解分离纤维素分解菌的原理。
2. 学习从土壤中分离纤维素分解菌的方法。

二、实验原理

纤维素是地球上含量最丰富的多糖类物质，植物每年产生的纤维素达几十亿吨。纤维素是葡萄糖聚合物，在环境中比较稳定，只有在能分泌纤维素酶的微生物的作用下，才能被分解成简单的糖类得以利用。能够分解纤维素的微生物大多存在于土壤中，包括真菌、细菌等很多类群。草食动物的肠道里也共生有大量能够分解纤维素的微生物。

因刚果红能与培养基中的纤维素形成红色复合物，当纤维素被纤维素酶分解后，刚果红-纤维素复合物就无法形成，因而培养基中会出现以纤维素分解菌为中心的透明圈，该水解圈大小与酶活高低有一定关系。本实验的鉴定平板以羧甲基纤维素钠（CMC-Na）为底物，纤维素酶催化水解底物中的1,4-糖苷键，使其变成纤维二糖和葡萄糖，因而在菌落周围产生透明圈。

三、实验器材

1. 培养基

（1）初筛培养基

蛋白胨 5g/L，酵母粉 1g/L，NaCl 5g/L，$CaCO_3$ 2g/L，滤纸 5g/L，土壤浸提液 10g/L，pH 8.0。

（2）平板鉴别培养基

CMC-Na 10g/L，蛋白胨 5g/L，酵母膏 0.5g/L，KH_2PO_4 1.5g/L，$MgSO_4$ 0.2g/L，NaCl 5g/L，pH 8.0。

（3）种子培养基

马铃薯葡萄糖培养基（PDA）：马铃薯 200g/L，葡萄糖 20g/L，琼脂

15～20g/L，pH 7.0～7.2。

（4）复筛（发酵）培养基

蛋白胨 5g/L，酵母粉 1g/L，氯化钠 5g/L，碳酸钙 2g/L，滤纸 5g/L，土壤浸提液 10g/L，pH 8.0。

（5）斜面培养基

察氏培养基：$NaNO_3$ 3g/L，K_2HPO_4 1g/L，$MgSO_4 \cdot 7H_2O$ 0.5g/L，氯化钾 0.5g/L，硫酸亚铁 0.01g/L，蔗糖 30g/L，琼脂 20g/L，pH 7.0～7.2。

2. 溶液与试剂

（1）土壤浸提液

土壤与去离子水以 1：1（质量分数）混合，60℃温浴 2h，过滤除菌备用。

（2）DNS 试剂

称取 3,5-二硝基水杨酸 10g，加入 500mL 水中，加入 NaOH 16g，搅拌溶解（＜45℃），再加入酒石酸钾钠 300g，搅拌至全溶，冷却后用水定容至 1000mL，室温下储存于棕色瓶中，暗处放置 1 周后使用。

（3）底物

1％羧甲基纤维素钠。

（4）染色液

1.0g/L 刚果红染液。

（5）脱色液

1mol/L NaCl、3,5-二硝基水杨酸、NaOH、酒石酸钾钠等。

3. 仪器设备

光学显微镜、高温高压蒸汽灭菌锅、恒温培养箱、恒温摇床等。

4. 其他材料

培养皿、量筒、滴管、试管、烧杯、锥形瓶、接种环等。

四、实验内容

1. 好氧条件下筛选

称取 1g 土壤样品，加入盛有 30mL 初筛培养液的锥形瓶中，30℃，150r/min 下好氧培养。观察滤纸是否有崩解、崩解时间和滤纸残余物的情况，选取滤纸有明显崩解迹象的锥形瓶备用。

2. 兼性厌氧条件下筛选

称取 1g 土壤样品，加入盛有 30mL 初筛培养液的锥形瓶中，30℃下静置培养。观察滤纸是否有崩解、崩解时间和滤纸残余物的情况，选取滤纸有明显崩解迹象的锥形瓶备用。

3. 平板分离

从初筛得到的试管中分别吸取 0.1mL 菌液以 10 倍梯度稀释，选取适宜浓度的菌悬液涂布于平板鉴别培养基上，30℃恒温培养 2~4 天。

4. 刚果红染色

取两个鉴别平板，分别在背面划小格备用。待单菌落长出后，用无菌牙签挑取菌种，分别点种至两个平板内，30℃培养 2~4 天。取其中一块平板用刚果红染液染色 15min 后，NaCl 脱色 10min，观察，并将另一块平板对应位置的菌株接于斜面培养基，以备复筛。

5. 发酵复筛

将新鲜斜面菌种接入液体种子培养基，30℃振荡培养过夜，以 10% 的接种量接入 30mL 发酵培养基中，于 30℃振荡培养 2~4 天，发酵液离心，取上清液测定纤维素酶活。

6. 纤维素酶活测定

纤维素酶可降解 CMC-Na，生成葡萄糖等还原糖，用 DNS 法显色，在520nm 处测其吸光度，对照葡萄糖标准曲线算出葡萄糖的浓度，以每分钟生成 $1\mu mol$ 的葡萄糖作为一个酶活单位。

$$酶活力\ U(U/mL) = 葡萄糖量/(5 \times E_w)。$$

式中，5 为保温时间（酶与底物作用时间），min；E_w 为粗酶液的体积，mL；U 是指在特定条件下，每分钟催化纤维素水解成 $1\mu mol$ 葡萄糖的酶量。

酶活测定方法：取 3 支带刻度的试管，一支管作空白对照，两支管作平行样品管。每支样品管中加入 1mL 酶溶液，置于 50℃水浴锅中预热 2min，然后在 3 支试管中分别加入 4mL 已预热至 50℃的底物溶液，准确计时 5min后取出，每管立即分别加入 1mL 的 NaOH 溶液（2mol/L）和 2mL 的 DNS显色液，摇匀后在对照管中加入 1mL 酶液，将 3 支试管加入沸水浴中，5min 后立即取出，流水冷却，用蒸馏水定容至 20mL，于 520nm 处测定OD 值。

五、实验结果

将本实验所筛选到的菌株填入表 2-11。

表 2-11　纤维素酶产生菌筛选结果

菌株号	是否崩解	崩解时间/d	滤纸残余情况	透明圈有无	透明圈大小/mm	透明圈直径/菌落直径	酶活/(U/mL)

六、思考题

筛选纤维素酶产生菌还可采用刚果红纤维素琼脂平板，但效果不如刚果红染色法灵敏，可能的原因是什么？

实验 27

表面活性剂降解菌的分离及活性测定

一、实验目的

1. 掌握表面活性剂降解菌富集、分离及活性测定的原理和方法。
2. 了解不同浓度表面活性剂对微生物降解度的影响。

二、实验原理

表面活性剂是从 20 世纪 50 年代开始随着石油化工业的飞速发展而兴起的一种新型化学品，是精细化工的重要产品，应用领域从日用化学工业发展到石油、食品、农业、卫生、环境、新型材料等技术部门。表面活性剂给人们生活、工农业生产带来极大方便的同时，也给环境带来了污染。表面活性剂分为离子型表面活性剂（包括阳离子表面活性剂与阴离子表面活性剂）、非离子型表面活性剂、两性表面活性剂、复配表面活性剂、其他表面活性剂等，目前应用较多的是直链型烷基苯磺酸盐类（LAS）。LAS 和亚甲蓝可生成蓝色化合物，并溶于氯仿等有机溶剂中。

环境中的表面活性剂降解几乎是靠微生物的作用，但微生物的降解能力受菌株类型、表面活性剂浓度及其他多种物理化学因素影响。

三、实验器材

1. 样品来源

受表面活性剂污染的土壤或污泥。

2. 培养基

（1）牛肉膏蛋白胨培养基

牛肉膏 5g/L，蛋白胨 10g/L，NaCl 5g/L，琼脂 20g/L，pH 7.2～7.4。

（2）分离及培养用培养基

蛋白胨 5g/L、NH_4NO_3 5g/L、K_2HPO_4 1g/L、KH_2PO_4 1g/L、NaCl 5g/L、表面活性剂（$C_{18}H_{29}SO_3Na$）0.5g/L，pH 6.7～7.2，121℃ 灭菌 20min。

3. 溶液与试剂

（1）亚甲蓝溶液

亚甲蓝 0.03g/L、浓 H_2SO_4 6.8mL/L、$NaH_2PO_4 \cdot 2H_2O$ 50g/L。

（2）洗涤液

浓 H_2SO_4 6.8mL/L、$NaH_2PO_4 \cdot 2H_2O$ 50g/L。

（3）$C_{18}H_{29}SO_3Na$ 标准溶液

纯 $C_{18}H_{29}SO_3Na$ 0.5g 溶于 500mL 蒸馏水。

（4）其他试剂

酚酞指示剂、NaOH、氯仿。

4. 仪器设备

恒温摇床、分光光度计等。

5. 其他材料

分液漏斗、锥形瓶、脱脂棉、pH 计等。

四、实验内容

1. 富集

从洗涤剂生产厂下水道的泥、土壤、城市污水厂曝气池活性污泥及其他洗涤剂耗量较多的印染厂、毛纺厂的废水生物处理构筑物中采集分离源样品，于烧杯中用无菌水稀释至 1000mL。第一周向样品中加入 1/10 浓度的牛肉膏蛋白胨培养基和表面活性剂 $C_{18}H_{29}SO_3Na$（50mg/L），放置在有阳光的地方，经常搅拌。第二周加入 1/20 浓度的牛肉膏蛋白胨培养基和表面活性剂 $C_{18}H_{29}SO_3Na$（100mg/L）。第三周加入 1/40 浓度的牛肉膏蛋白胨培养基和表面活性剂 $C_{18}H_{29}SO_3Na$（200mg/L）。第四周只加入 400mg/L $C_{18}H_{29}SO_3Na$，并再放置一周。

2. 分离

（1）取上述富集样品在降解菌分离及培养平板上进行划线分离，37℃培养 24h。

（2）挑选长势良好的单菌落进行平板划线分离，37℃培养 24h。

（3）观察和记录菌落形态特征。

（4）挑取单菌落，接种于已灭菌的 100mL 降解菌分离及培养用培养基中，恒温摇床（32℃、180r/min）振荡培养 48h。

（5）4000r/min 离心 30min，弃上清，在沉淀中加入一定量的生理盐水即为所分离的表面活性剂降解菌菌悬液。

3. 降解菌对表面活性剂的降解

（1）在降解培养基中，分别加入 100mL，浓度为 40mg/L、80mg/L、160mg/L、320mg/L $C_{18}H_{29}SO_3Na$，各 2 份，一份用于未接种，一份用于接种。

（2）在用于接种的降解培养基中，加入步骤 2（分离）中制备好的表面活性剂降解菌菌悬液 10mL。

（3）未接种和接种的培养基同时置于恒温摇床，180r/min，32℃振荡培养 48h。

（4）4000r/min 离心 30min，留上清，即为所分离的表面活性剂降解菌降解溶液，待测。

4. 表面活性剂降解能力的测定

在锥形瓶中加入表面活性剂分解菌培养基，然后接入斜面中保存的编号菌株，在28℃振荡培养一段时间后，采用亚甲蓝法测定培养前后培养液中表面活性剂 $C_{18}H_{29}SO_3Na$ 的含量。

5.亚甲蓝法

（1）制备标准曲线

取0mL、2.5mL、5mL、10mL、15mL $C_{18}H_{29}SO_3Na$ 标准液（0.01mg/mL）分别稀释至100mL制成不同浓度标准液。将标准液装于250mL分液漏斗中，用 H_2SO_4 调节pH至微酸性，加亚甲蓝溶液25mL。

① 提取：向上述分液漏斗中加氯仿10mL，剧烈振荡30s，静置分层，将氯仿层排入小烧杯中，重复提取三次。

② 洗涤：将提取液转入另一分液漏斗中，加入50mL洗涤液，剧烈振荡30s后静置分层。将一小块脱脂棉塞入分液漏斗活塞下部以滤除水珠，分液漏斗中的氯仿层缓缓放至一个50mL容量瓶中。

③ 再次提取：加氯仿6mL于上述分液漏斗中，剧烈振荡分层后将氯仿层并入已有氯仿的50mL容量瓶中，重复提取三次。

④ 定容：用氯仿将容量瓶中液体稀释至50mL刻度处。

⑤ 测定 $C_{18}H_{29}SO_3Na$：用纯氯仿做空白对照，用分光光度计固定波长为652nm，测定各标准液的光密度值（OD）。以 A_{652} 作纵坐标，溶液浓度（mg/L）作横坐标，制取标准曲线，并通过图解法求出标准曲线的斜率。

（2）表面活性剂降解菌降解溶液中 $C_{18}H_{29}SO_3Na$ 浓度测定

取步骤3（降解菌对表面活性剂的降解）所得的表面活性剂降解菌降解溶液1~10mL，用蒸馏水稀释至100mL。以下步骤同绘制标准曲线时的步骤，测得样品的 A_{652}，根据以下公式计算降解后溶液表面活性剂浓度 C。

$$C(\text{mg/L}) = A_{652} \times 100 / [\text{工作曲线斜率} \times \text{降解溶液容积(mL)}]$$

（3）表面活性剂降解菌降解度的计算

$$D = [(C_{未接种} - C_{接种})/C_{未接种}] \times 100\%$$

五、注意事项

测定时使用氯仿要在通风橱中操作，按规定加收处理，切勿直接倒入下水道。

六、实验结果

1.绘制表面活性剂标准曲线。

2.记录并计算出菌株对不同浓度表面活性剂的降解度，将结果填入表 2-12。

表 2-12　表面活性剂降解菌对不同浓度表面活性剂的降解能力

未接种浓度/(mg/L)		
接种浓度/(mg/L)		
降解度 D		

七、思考题

1.为什么要取表面活性剂污染的土壤或污泥进行分离？

2.表面活性剂降解菌富集过程中，为什么牛肉膏蛋白胨培养基的浓度逐渐减少，表面活性剂的浓度逐渐增加？

实验 28

苯酚降解菌的分离及活性测定

一、实验目的

1.掌握用选择性培养基从环境中分离苯酚降解菌的原理和方法。

2.了解微生物在苯酚降解中的作用。

3.掌握苯酚含量的测定方法。

二、实验原理

在工业废水的生物处理中，对污染成分单一的有毒废水，可以选育特定的高效菌株进行处理。这些高效菌株以有机污染物作为其生长所需的能源、碳源或氮源，从而使有机污染物得以降解，具有处理效率高、耐受毒性强等优点。

苯酚是一种在自然条件下难降解的有机物，其长期残留于空气、水体、土壤中，会造成严重的环境污染，对人体、动物有较高毒性。本实验通过筛选苯酚降解菌来处理含酚废水，将苯酚降解为二氧化碳和水，消除对环境的污染。

$$苯酚+邻二苯酚 \longrightarrow COOHCH_2CH_2COOH \longrightarrow CH_3COOH \longrightarrow CO_2+H_2O$$

从环境中采样后，在以苯酚为唯一碳源的培养基中，经富集培养、分离纯化、降解实验和性能测定，可筛选出高效酚降解菌。

三、实验器材

1. 样品来源

受苯酚污染的土样或泥样。

2. 培养基

$MgSO_4 \cdot 7H_2O$ 0.02%、$CaCl_2$ 0.01%、NH_4NO_3 1滴、KH_2PO_4 0.05%、K_2HPO_4 0.05%、$MnSO_4 \cdot H_2O$ 0.02%、10% $FeCl_2$ 溶液微量、苯酚 0.05%~0.20%、蒸馏水 1000mL，调节 pH 至 7.5，121℃高压蒸汽灭菌 20min，备用。

3. 溶液与试剂

2% 4-氨基安替比林、20%吐温-80、4mol/L 氨水、16%铁氰化钾、苯酚标准品、$Na_2B_4O_7$、$(NH_4)_2S_2O_8$。

4. 仪器设备

恒温培养箱、恒温摇床、分光光度计、比色皿、试管、锥形瓶、容量瓶、培养皿、涂布玻棒、量筒、天平、高压蒸汽灭菌锅、酒精灯、接种环、棉花、棉线、牛皮纸、pH 试纸等。

四、实验内容

1. 富集培养和驯化

采集活性污泥或土样 1g，接种于装有加有苯酚 500mg/L 的培养基中，一瓶在 28~30℃下振荡培养，另一瓶置 4℃不培养。24h 培养后，将培养与不培养的锥形瓶静置，待泥沙沉降后，进行检查。

2. 检查

（1）培养液浑浊度

用肉眼比较，如培养基中液体浑浊高说明已有菌增殖。

（2）苯酚降解

取少量培养液与未培养液分别过滤，各取 0.5mL 滤液至 2 支试管中，按顺序加入下列试剂：4mol/L 氨水 1 滴、2％ 4-氨基安替比林 1 滴、20％吐温-80 2 滴、16％铁氰化钾 1 滴。培养液中如含苯酚则呈红色，为阳性结果；如不含苯酚则呈微黄色，为阴性结果，表示培养基中的苯酚已被苯酚降解菌降解。

3. 传代培养

取上述含有苯酚降解菌的培养液 2.5mL，接入含有 1g/L 苯酚的 250mL 培养基中，连续转接 2～3 次，每次所加的苯酚量适当增加，约至 2g/L 苯酚浓度时，可得苯酚降解菌占绝对优势的混合培养物。

4. 划线分离

用接种环蘸取上述菌液，在含适量苯酚的固体平板上划线纯化，平板倒置于 28～30℃恒温培养箱中培养 2～3 天，挑取单菌落接至斜面或再划线分离，获得纯种。

5. 降解实验

用接种环取斜面菌苔一环，接种于 100mL 培养基中，添加适量的苯酚，30℃振荡培养 2～3 天。

6. 酚含量的测定

（1）标准曲线的绘制

取 100mL 容量瓶 7 只，分别加入 100mg/L 苯酚标准溶液 0mL、0.5mL、1.0mL、2.0mL、3.0mL、4.0mL、5.0mL，于每只容量瓶中加入 $Na_2B_4O_7$ 饱和溶液 10mL，2％ 4-氨基安替比林溶液 1mL，再加入 $Na_2B_4O_7$ 溶液 10mL，2％ $(NH_4)_2S_2O_8$ 1mL，用蒸馏水稀释至刻度，摇匀。放置 10min 后将溶液转至比色皿中，在 560nm 处测定吸光度，根据吸光度（纵坐标）和苯酚含量（横坐标）绘制标准曲线。

（2）培养液中苯酚含量的测定

取经降解的培养液 30mL，4000r/min 离心 10min，取上清液 10mL 于 100mL 容量瓶中，加入 $Na_2B_4O_7$ 饱和溶液 10mL，2％ 4-氨基安替比林溶液

1mL，再加入 $Na_2B_4O_7$ 饱和溶液 10mL，2%（NH_4）$_2S_2O_8$ 1mL，用蒸馏水稀释至刻度，摇匀。放置 10min 后将溶液转至比色皿中，在 560nm 处测定吸光度，从标准曲线上查得苯酚的量。

（3）计算苯酚脱除率

按下列公式计算苯酚脱除率。

$$苯酚浓度\ C(mg/L)＝[查得的苯酚质量(mg)/10]×1000$$
$$苯酚脱除率＝[(C_{降解前}－C_{降解后})/C_{降解前}]×100\%$$

五、注意事项

1.各种培养基的配制应严格按配方的要求完成，尤其是苯酚的称量和 pH。

2.涂布平板的菌悬液只作适度稀释，菌液浓度不必过低。

3.若受酚污染的土壤或污泥中的菌耐酚力和解酚力不够，在初次接种时，可适当降低培养液中的酚浓度，再逐渐增加培养液中的酚浓度。

六、实验结果

1.记录苯酚降解菌菌落的形态特征。

2.计算苯酚降解菌的苯酚脱除率。

七、思考题

1.为何要取受苯酚污染的土壤或污泥作为样本？

2.苯酚的含量测定还有什么方法？

实验 29

产淀粉酶芽孢杆菌的分离及活性测定

一、实验目的

1.掌握分离鉴定产淀粉酶微生物的方法。

2.掌握测定淀粉酶酶活力的方法。

二、实验原理

土壤中含有各种微生物，其中产淀粉酶的枯草芽孢杆菌含量在不同土壤中含量也不同，因此实验前进行预埋工作，能使土壤中产淀粉酶的细菌含量增加。在只用淀粉充当碳源的选择培养基中，只有能产生淀粉酶利用淀粉的菌体能成为优势菌种。在淀粉选择培养基中，产淀粉酶的菌种可以得到富集及分离。

在含有淀粉的鉴别培养基上的平板上，具有产淀粉酶能力的枯草芽孢杆菌水解淀粉生成小分子糊精和葡萄糖，在淀粉平板上菌落周围出现水解圈，但肉眼不易分辨，滴加碘液，未水解的淀粉呈蓝色，水解圈无色。最后将分离出的产淀粉酶菌株进行摇瓶发酵产酶试验，检测酶活。

三、实验器材

1. 样品来源

土壤。

2. 培养基

（1）淀粉平板培养基

牛肉膏 3g/L，蛋白胨 10g/L，NaCl 5g/L，可溶性淀粉 2g/L，pH 7.0～7.2，121℃，灭菌 20min。

（2）发酵培养基

蛋白胨 10g/L，可溶性淀粉 10g/L，$(NH_4)_2SO_4$ 5g/L，KH_2PO_4 3g/L，$CaCl_2 \cdot 6H_2O$ 0.25g/L，$MgSO_4$ 0.2g/L，$FeSO_4 \cdot 7H_2O$ 0.025g/L，pH 7.0～7.2，121℃灭菌 20min。

3. 溶液与试剂

可溶性淀粉、NaCl、蛋白胨、三氯乙酸、碘液等。

4. 仪器设备

净化工作台、恒温摇床培养箱、电热干燥箱、高压蒸汽灭菌锅、水浴锅、光学显微镜等。

5. 其他材料

锥形瓶、培养皿、涂布棒、移液管、试管、烧杯、盖玻片、载玻片、天平、pH 试纸、棉花、牛皮纸、玻璃珠、接种环等。

四、实验内容

1. 样本采集

在预埋处采取土样用塑料袋装好，不要损坏土壤的内部结构。取 12.5g 土壤加入 250mL 烧杯中，再加入 112mL 去离子水制成土壤混悬液，加入一小层玻璃珠。在锥形瓶中加入可溶性淀粉 2g，蛋白胨 0.625g，NaCl 0.625g，调节 pH 值为 7.0～7.2。在 37℃ 恒温摇床培养箱中培养两天，使菌体富集且产生大量芽孢。

2. 加热杀死非芽孢菌

在上述菌体中放入玻璃珠，振荡混匀，在 85～90℃ 水浴锅中加热 10min。

3. 初筛

将上述菌体液静置 5min，然后进行浓度梯度稀释，稀释到 10^{-6}，分别在 10^{-1}、10^{-2}、10^{-3}、10^{-4}、10^{-5}、10^{-6} 稀释液下各取 0.2mL 均匀涂布在淀粉平板培养基上，培养皿放入 37℃ 培养箱中培养 24h。取出培养好的培养皿在长出的菌落上滴加碘液，菌落周围如有无色透明圈出现，说明淀粉被水解，即该菌株能产生淀粉酶。

4. 划线分离

从初筛所得的菌落中选择菌落周围透明圈和菌落直径之比值较大的菌落，进行划线分离。于淀粉平板培养基上划线后，再将培养皿放入 37℃ 培养箱中培养 24h。

5. 镜检

挑取较好的单个菌落，通过革兰氏染色制片观察，判别所选菌落是否为芽孢杆菌。

6. 纯培养

镜检确认为芽孢杆菌后，挑菌置斜面培养基（种子培养基）上进行培养。将斜面培养基放入 37℃ 培养箱中培养 24h。

7. 发酵培养

从斜面培养基上挑选生长状况良好的菌株在无菌操作下转移到发酵培养

基上进行发酵，发酵的条件为 37℃，200r/min 恒温摇床培养过夜，24h。

8.酶活测定

将发酵液 8000r/min 离心 10min，取上清液测酶活，每个样品重复 3 次，最后结果取平均值。取 5mL 0.5％的可溶性淀粉溶液，在 40℃水浴中预热 10min，然后加适当稀释的酶液 0.5mL，反应 5min 后，用 5mL 0.1mol/L 三氯乙酸终止反应。取 0.5mL 反应液与 5mL 碘液显色，在 620nm 处测光吸收值。以 0.5mL 水代替 0.5mL 反应液为空白，以不加酶液（加同样体积的缓冲液）的管为对照。

9.酶活力计算

以 1mL 酶液于 60℃，pH 6.0，在 1h 内液化可溶性淀粉的质量（g）为 1 个酶活力单位。

$$酶活力单位(g/mL)=[(60/t)×20×2％×n]/0.5=(48×n)/t$$

式中，60 为反应时间，60min；20 为可溶性淀粉溶液的体积，mL；n 为酶液稀释倍数；0.5 为测定时所用酶液量；2％为可溶性淀粉浓度；t 为测定时记录的液体时间。

五、实验结果

1.绘出产淀粉酶的芽孢杆菌菌体及芽孢的形态，描述菌落的形态特点。

2.将筛选到的产淀粉酶菌株相关数据填入表 2-13。

表 2-13　淀粉酶产生菌筛选结果

菌株号	1	2	3	4	5	6
水解圈直径 D/mm						
菌落直径 d/mm						
D/d						
酶活(U)						

六、思考题

1.平板上出现的透明圈是否与酶活测定结果完全对应，为什么？

2.淀粉酶水解淀粉的产物是什么？滴加碘液后为什么会出现透明水解圈？

实验 30

蛋白酶产生菌的筛选及活力的测定

一、实验目的

1. 掌握从自然界中分离目的微生物的基本原理。
2. 掌握蛋白酶产生菌分离筛选的技术方法。
3. 掌握蛋白酶活力测定的原理和方法。

二、实验原理

蛋白酶能水解蛋白质中肽键，是一类广泛应用于皮革、毛皮、丝绸、医药、食品、酿造等方面的重要工业用酶。微生物蛋白酶从微生物中提取，不受资源、环境和空间的限制，具有动物蛋白酶和植物蛋白酶所不可比拟的优越性。

土壤富含微生物，从土壤中筛选产蛋白酶的微生物时，常采用牛奶平板或酪蛋白平板进行初筛。在此平板上，能够产生胞外蛋白酶的菌株在菌落周围会产生明显的蛋白质水解圈，且水解圈与菌落直径的比值可作为判断该菌株产酶能力的初步依据。但菌株在平板上和液体环境中的生长情况相差较大，因此，初筛获得的菌株必须通过复筛进行验证。

蛋白酶分解酪蛋白生成含有酚基的氨基酸，而福林试剂与这类含酚基的氨基酸（Tyr、Trp、Phe）在碱性条件下发生反应，形成蓝色化合物。本实验选用酪蛋白为底物，测定微生物蛋白酶水解肽键的活力。酪蛋白经蛋白酶作用后，降解成分子量较小的肽和氨基酸，在反应混合物中加入三氯乙酸溶液，分子量较大的蛋白质和肽就沉淀下来，分子量较小的肽和氨基酸仍留在溶液中，溶解于三氯乙酸溶液中的肽的数量正比于酶的数量和反应时间，在275nm 波长下测定溶液吸光度，就可计算酶的活力。

三、实验器材及仪器

1. 材料来源

土壤。

2. 培养基

（1）牛奶琼脂培养基

在普通肉汤蛋白胨固体培养基中添加终质量浓度为 1.5％的无菌牛奶。

（2）LB 斜面培养基

酵母膏 5g/L，蛋白胨 10g/L，NaCl 10g/L，琼脂 15～20g/L，pH 7.2，121℃，灭菌 20min。

（3）LB 液体培养基（种子培养基）

上述培养基（2）去除琼脂。

（4）发酵培养基

玉米粉 4％，黄豆饼粉 3％，Na_2HPO_4 0.4％，KH_2PO_4 0.03％，3mol/L NaOH，pH 9.0，121℃，灭菌 20min。

3. 溶液与试剂

（1）硼砂-NaOH 缓冲液

硼砂 19.08g 溶于 1000mL 水中，NaOH 4g 溶于 1000mL 水中，两液等量混合。

（2）底物酪蛋白溶液

0.2g 酪蛋白加入 1mL 0.5mol/L NaOH 溶液，溶解后加入甘氨酸-氢氧化钠缓冲液 100mL，4℃保存备用。

（3）其他溶液

100μg/mL 酪氨酸溶液、10％三氯乙酸、福林酚试剂、0.55％碳酸钠溶液。

4. 仪器设备

高压蒸汽灭菌锅、恒温培养箱、净化工作台、电子分析天平、pH 计、水浴锅、微波炉、分光光度计、恒温摇床。

5. 其他材料

酒精灯、接种针、移液管、试管、量筒、容量瓶、载玻片、滤纸、擦镜纸等。

四、实验内容

1. 初筛

（1）平板分离

收集土壤样品，用无菌水制备 1∶10 土壤悬液，室温下 150r/min 振荡

30min，静置待其沉淀。取上层菌液进行 10 倍梯度稀释，稀释至 10^{-6}。取 0.2mL $10^{-3}\sim10^{-6}$ 稀释液，涂布接种到牛奶琼脂培养基平板上，平板倒置于 30～32℃下培养 24～48h。

（2）纯化

观察菌落周围是否出现透明圈，测量透明圈直径和菌落直径，挑取透明圈较大的菌落在牛奶琼脂培养基上进一步纯化。

（3）斜面培养及镜检

纯化后的菌株接种于 LB 斜面培养基上，培养 24h 后观察菌落特征，革兰氏染色并镜检。

2. 复筛

（1）种子培养

将初筛分离到的蛋白酶产生菌接种于种子培养基，30℃，200r/min 培养 12～16h。

（2）发酵培养

将上述种子液以 5% 接入发酵培养基，每个菌株平行接种 3 瓶，30℃，200r/min 培养 36～48h。

（3）测酶活

摇瓶终止发酵后，取 1mL 发酵液于离心管中，4℃，5000r/min 离心 5min，取上清液进行酶活测定。

3. 蛋白酶活力的测定——福林酚法

（1）酪蛋白标准曲线的制作

取 7 支试管，按表 2-14 加入试剂制作不同浓度的酪氨酸溶液。

表 2-14 酪蛋白标准曲线加样量

管号	0	1	2	3	4	5	6
100μg/mL 酪氨酸溶液/mL	0	1	2	3	4	5	6
蒸馏水/mL	10	9	8	7	6	5	4
酪氨酸含量/(μg/mL)	0	10	20	30	40	50	60

将各管溶液混匀，取 1mL 酪氨酸溶液，加入试管中，再依次加入 0.55% 碳酸钠溶液 5mL 和福林酚试剂 1mL，充分混合，放入 40℃ 水浴中 15min，取出后冷却至室温。编号为 0 的试管作为空白对照，用紫外分光光度计测定 650nm 的吸光值。以酪氨酸含量（μg/mL）为横坐标，OD_{650} 为纵坐标，绘制标准曲线。

（2）蛋白酶活力测定

取发酵液上清液 1mL，加入预热的 2mL 酪蛋白溶液底物，40℃反应 15min 后，加入 3mL 10％三氯乙酸溶液终止反应，室温静置 15min，10000r/min 离心 3min。取上清液 1mL，加入 0.55％碳酸钠溶液 5mL 和福林酚试剂 1mL，充分混匀后，放于 40℃水浴中 15min，取出后冷却至室温，测定 OD_{650}。同时，取发酵液上清液 1mL，加入 3mL 10％三氯乙酸溶液终止反应，然后加入 2mL 酪蛋白溶液底物，40℃反应 15min 后，作为空白对照测定 OD_{650}。

蛋白酶活力＝［样品酪氨酸含量（μg）×稀释倍数］／［15min×1mL］

五、实验结果

1.拍照记录平板初筛的透明圈，并计算比值，将结果填入表 2-15。

表 2-15　初筛结果

菌号	菌落形态	透明圈直径	菌落直径	透明圈直径/菌落直径	革兰氏染色
1					
2					
3					
4					

2.绘制酪氨酸标准曲线。

3.计算筛选出产蛋白酶菌株的蛋白酶活力，将结果填入表 2-16。

表 2-16　复筛结果

菌号	1	2	3	4	5	6
透明圈直径/菌落直径						
酶活（U/mL）						

六、思考题

1.在选择平板上分离获得蛋白酶产生菌还可以采用哪些底物？

2.透明水解圈能否作为判断菌株产蛋白酶能力的证据？结合初筛和复筛的结果进行分析。

实验 31

脂肪酶产生菌的筛选

一、实验目的

1.学习如何通过富集、初筛和复筛得到脂肪酶产生菌。

2.了解从土壤中筛选目的微生物的一般流程。

二、实验原理

脂肪酶又称三酰基甘油酰基水解酶，是一种特殊的酯键水解酶，它不需要辅酶即可催化油水界面的甘油三酯水解，生成甘油及长链脂肪酸。脂肪酶的水解底物一般为天然油脂，水解部位是底物甘油三酯中 1（或 3）位和 2位的酯键，反应产物为甘油二酯、甘油单酯、甘油和脂肪酸。

脂肪酶是一类非常重要的水解酶，广泛用于洗涤剂、食品、医药、农业等多个领域。从自然界分离脂肪酶通常分为富集、初筛、复筛 3 个步骤。本实验采用罗丹明 B 显色平板初筛和摇瓶发酵测脂肪酶活性复筛相结合的方法从自然界中分离脂肪酶产生菌。

三、实验器材

1. 样品来源

含油较多的土样，取样时先将表层土刮去 2～3cm，去除杂质、小石头等，每份取 10g 左右。

2. 培养基

（1）富集培养基

蛋白胨 1%，酵母膏 0.5%，NaCl 1%，橄榄油乳化液 1%，pH 7.0。

（2）平板初筛培养基

蛋白胨 1%，酵母膏 0.5%，NaCl 1%，橄榄油乳化液 1%，0.1%罗丹明 B 0.3%，琼脂 2%，pH 7.0。

（3）液体种子培养基

LB 培养基：胰蛋白胨 10g/L，酵母提取物 5g/L，氯化钠 10g/L，pH 7.4。

（4）摇瓶发酵培养基

橄榄油 2%，酵母膏 0.5%，NH_4SO_4 0.5%，$MgCl_2 \cdot 6H_2O$ 0.5%，pH 6.5。

3. 溶液与试剂

（1）4%聚乙烯醇（PVA）溶液：称取 4g PVA，放入约 80mL 水，加热搅拌溶解，冷却后定容至 100mL，双层纱布过滤。

（2）0.5mol/L Tris-HCl 缓冲液，pH 7.4。

（3）橄榄油乳化液：橄榄油∶PVA∶Tris-HCl 缓冲液＝1∶2∶3，分别取各溶液 50mL、100mL、150mL，混合，组织捣碎机匀浆，灭菌。

（4）0.1%罗丹明 B：无水乙醇配制。

（5）其他试剂：乙醇、酚酞等。

4. 仪器设备

高压蒸汽灭菌锅、振荡器、净化工作台、恒温培养箱、离心机、pH 计、微量移液器等。

5. 其他材料

锥形瓶、培养皿、涂布棒、移液管、试管、烧杯、盖玻片、载玻片、天平、pH 试纸、接种环等。

四、实验内容

1. 富集培养

采集的土样混匀碾碎，称取 5g 土样，加入盛有 45mL 富集培养基中，30℃，200r/min 振荡培养 3～5 天。

2. 初筛

用无菌水富集培养液以 10 为梯度稀释，吸取适宜稀释度的菌悬液 0.2mL，滴加到初筛平板，涂布，30℃培养至 24h，产脂肪酶的菌株周围有红色的变色圈，以菌落直径与变色圈直径之比为筛选依据，选择比值大的转接至斜面，37℃培养 1～2 天。

3. 复筛

挑取一环新鲜斜面菌种，接入种子培养基中，30℃，200r/min 培养

12h。然后以 3％接种量移入发酵培养基中，30℃，200r/min，振荡培养40h。发酵液于 10000r/min 离心 5min，取上清液测酶活。

4.脂肪酶活性的检测（NaOH 滴定法）

取 3 个 100mL 锥形瓶，分别向空白瓶 A 和样品瓶 B、C 中，各加入分解底物（橄榄油）4.0mL 和 0.5mol/L Tris-HCl 缓冲液 5.0mL，再向 A 瓶中加入 95％乙醇 15.0mL，水浴振荡摇床中预热 5min。往 3 个瓶中各加入待测酶液 1.0mL（由于空白瓶中加入了乙醇，待测酶液加入后脂肪酶失活），混匀后，60℃精确反应 10min。向 B、C 瓶中加入 15mL 95％乙醇终止反应。取出 3 个锥形瓶，分别滴加 3～5 滴酚酞作为指示剂，用 0.05mol/L 标准溶液滴定水解产生的游离脂肪酸，滴定溶液呈粉红色。

在以上条件下，以分解底物（橄榄油）每分钟产生 1μmol 游离脂肪酸所需的酶量定义为 1 个脂肪酶活力单位（U），以 U/mL 表示。

$$脂肪酶活力(U/mL)=(B-A)\times 5\times n$$

式中，B 为滴定样品时消耗 NaOH 标准溶液的体积，mL；A 为滴定对照时消耗 NaOH 标准溶液的体积，mL；n 为酶液稀释倍数。

五、实验结果

1.拍照记录平板初筛结果。

2.将筛选到的结果填入表 2-17。

表 2-17　脂肪酶产生菌筛选结果

菌株号	分类	菌落形态	变色圈直径 D/mm	菌落直径 d /mm	D/d	酶活 /(U/mL)
1						
2						
3						
4						

六、思考题

1.脂肪酶产生菌为什么可以通过菌落周围的变色圈来进行初筛？

2.变色圈与菌落直径的比值是否与最终酶活测定相符？分析原因是什么？

实验 32

抗生素产生菌的分离与筛选

一、实验目的

1. 了解抗生素产生菌的筛选原理与方法。
2. 掌握利用滤纸片法检测菌株产抗生素能力的方法。

二、实验原理

抗生素是某些植物与微生物生长到对数期前后所产生的次生代谢产物，其在低浓度下对其他微生物的生长具抑制作用或杀死作用。抗生素对敏感微生物的作用机理分为抑制细胞壁的形成、破坏细胞膜的功能、干扰蛋白质合成及阻碍核酸的合成。

由于不同微生物对不同抗生素的敏感性不一样，抗生素的作用对象就有一定的范围，这种作用范围称为抗生素的抗菌谱，作用对象广的抗生素称为广谱抗生素，作用对象少的抗生素称为窄谱抗生素。而且当某种抗生素长时间用于敏感微生物生长后，即使同一种菌的不同菌株对不同药物的敏感性也常发生改变，甚至出现耐药菌株，亦即产生抗性菌株，则抗生素将失去对抗性菌株生长的抑制，只能采用新的抗生素才可能控制抗性菌株的生长与繁殖。新抗生素产生菌的分离筛选应通过拮抗菌发酵，然后以发酵产物进行抗菌活性实验，根据实验结果而获得产新抗生素的菌株。微生物代谢产物的抗菌活性常以管碟法与纸片法进行检测，根据透明抑菌圈的有无与大小作为依据。

三、实验器材

1. 指示菌

枯草芽孢杆菌（*Bacillus subtilis*）、大肠杆菌（*Escherichia coli*）、白假丝酵母（*Candida albicans*）、黑曲霉（*Aspergillus niger*）、金黄色葡萄球菌（*Staphylococcus aureus*）。

2. 样品来源

土样、有机质样品、各种泡菜及传统型食品、大型真菌、各种酶产品、植物样品等。

3. 培养基

（1）高氏合成 1 号培养基

可溶性淀粉 20g/L，KNO_3 1g/L，K_2HPO_4 0.5g/L，$MgSO_4 \cdot 7H_2O$ 0.5g/L，$NaCl$ 0.5g/L，$FeSO_4 \cdot 7H_2O$ 0.01g/L，琼脂 20g/L，pH 7.2～7.4。

（2）牛肉膏蛋白胨培养基

牛肉膏 3g/L，蛋白胨 5g/L，$NaCl$ 10g/L，琼脂 2.0g/L，pH 7.0～7.2，用于金黄色葡萄球菌、枯草芽孢杆菌、大肠杆菌的鉴定。

（3）马铃薯葡萄糖琼脂培养基

马铃薯 200g/L，葡萄糖 20g/L，琼脂 15～20g/L，pH 7.0～7.2，用于白假丝酵母的鉴定。

（4）胰蛋白胨大豆琼脂培养基

胰蛋白胨 15g/L，大豆蛋白胨 5g/L，$NaCl$ 30g/L，琼脂 15g/L，pH 7.3～7.5。

4. 溶液与试剂

青霉素、重铬酸钾等。

5. 仪器设备

分光光度计、离心机、水浴锅、光学显微镜等。

6. 其他材料

锥形瓶、研钵、培养皿、涂布棒、移液管、试管、烧杯、盖玻片、载玻片、天平、pH 试纸、接种环等。

四、实验内容

1. 样品采集

放线菌常存在于干燥、偏碱、有机质丰富的土层。铲去 5～10cm 的表层土，取土样放入无菌试管中，及时分离。

2. 筛选平板制备

将熔化的高氏合成 1 号培养基冷却至 45～50℃，加入重铬酸钾溶液

（终浓度 75μg/mL），青霉素 2μg/mL，摇匀倒平板，冷凝。

3. 放线菌的分离

（1）弹土法

土壤自然风干，于研钵中研碎，撒布在无菌硬纸片上，倾去多余土样，开启平板皿盖，用手指弹拨硬纸片背页（使纸片含菌面保持在平板上方），盖上平板皿盖，置 28℃ 培养。

（2）稀释涂布法

将土壤样品 5g 加入盛 45mL 无菌水的锥形瓶中，充分混合自然沉淀，吸上清菌悬液 0.5mL 至含 4.5mL 无菌水的试管中，作 10 倍系列稀释至 10^{-5}，吸 0.2mL 菌悬液至筛选平板，涂布均匀，28℃ 培养。

（3）纯种分离

挑取上述平板中分离得到的放线菌单菌落，于高氏合成 1 号培养基平板划线分离，28℃ 培养后，挑取菌落移接至高氏合成 1 号培养基，28℃ 培养 7 天，供进一步筛选和分类鉴定。

4. 抗生素产生菌的筛选

抗菌谱测定如下所述。

① 放线菌的培养：制备胰蛋白胨大豆琼脂平板，划线接种分离得到的放线菌，28℃ 培养 3～5 天至长出菌苔。

② 抗菌谱测定：从已长出的放线菌菌苔边缘向外划若干条垂直于菌苔的平行线，接种已活化的各种指示菌。接种时敏感菌不能与待测菌相接，第一供试菌划一条线，同一平板可接若干指示菌。经过培养，根据抑菌带的有无及长短，可初步判断抗生菌的抗菌谱和抑菌效能（见图 2-1）。

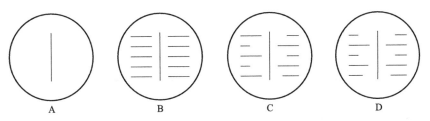

图 2-1　抑菌带法测定抗生素的抗菌谱

A—接种放线菌；B—接种敏感菌；C、D—培养后得到的抗菌谱

5. 抗生素活性测定

（1）将待测放线菌接入液体高氏合成 1 号培养基，28℃ 摇瓶发酵 4 天。

（2）制备鉴定平板：用 5mL 灭菌生理盐水洗下斜面菌苔，混合熔化并已冷凝至 45～50℃的琼脂培养基内，摇匀后倒平板，静置等其冷凝。

（3）在冷凝的平板背面划线，分为 8 个区（见图 2-2）。

（4）用无菌镊子夹取灭菌的牛津杯放置于鉴定平板的各区。

（5）微量移液器吸取已发酵 4 天的待测菌液 1mL，加入 1.5mL 离心管中，6000r/min 离心 5min，取上清液 $100\mu L$ 注入牛津杯中，1 区加入无菌水作为阴性对照，2 区加入 $100\mu L$ 抗生素作为阳性对照，在适宜温度下培养，移动牛津杯后观察并精确测定抑菌圈大小。

（6）也可用 6～8mm 灭菌的滤纸片吸足发酵液，代替牛津杯。

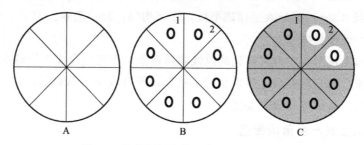

图 2-2　抑菌圈测定抗生素活性的示意图

A—分区；B—放入牛津杯；C—出现抑菌圈

五、实验结果

1.将各放线菌的抑菌结果填入表 2-18。

表 2-18　抑菌试验结果

受试菌编号		1	2	3	4	5	6	7	8
菌落特征									
个体形态									
抗菌谱(抑菌带长度或抑菌圈直径)	枯草芽孢杆菌								
	大肠杆菌								
	白假丝酵母								
	黑曲霉								
	金黄色葡萄球菌								

2.根据以上结果说明放线菌所产抗生素的抗菌谱。

六、思考题

1. 影响抑菌圈直径大小的因素有哪些？
2. 能否通过其他方法分析放线菌的抑菌活性？如有，请举例。

实验 33

食品中菌落总数的测定

一、实验目的

1. 学习并掌握微生物活菌计数的原理和方法。
2. 了解菌落总数测定在食品卫生学评价中的意义。

二、实验原理

食品中菌落总数是指食品检样经过处理，在一定条件下（如培养基成分、培养温度、培养时间、pH、需氧性质等）培养后，所得 1mL（或 1g）检样中形成微生物菌落的总数。在规定的培养条件下所得的结果，通常只包括一群在平板计数的琼脂培养基上能生长发育的嗜中温、需氧菌或兼性厌氧菌的菌落总数。

菌落总数测定通常是用来判定食品被微生物污染的程度及卫生质量，测定结果反映食品生产过程是否符合卫生要求，以便对被检样品做出适当的卫生学评价。菌落总数的多少在一定程度上标志着食品卫生质量的优劣。

稀释后菌样中的微生物单细胞分散在琼脂平板上（内），培养后每个活细胞可形成一个单菌落，即菌落形成单位（colony forming unit，CFU）。根据每皿形成的菌落数乘以稀释度，就可以推算出菌样的含菌数。

菌落总数不能区分细菌的种类，也不是所有的细菌都能在一种培养条件下生长，所以并不表示检测菌样中的所有细菌总数，故有时被称为杂菌数、需氧菌数等。

三、实验器材

1. 培养基

营养琼脂培养基：蛋白胨 10g/L，牛肉膏 3g/L，氯化钠 5g/L，琼脂 20g/L，pH 自然。

2. 溶液与试剂

磷酸盐缓冲液、无菌生理盐水等。

3. 仪器设备

恒温培养箱、均质器或振荡器、恒温水浴锅等。

4. 其他材料

吸管、移液器、锥形瓶、培养皿、菌落计数器、酒精灯等。

四、实验内容

1. 样品的稀释

（1）称取 25g（固体）或 25mL（液体）样品，放入盛有 225mL 磷酸盐缓冲液或生理盐水的无菌锥形瓶（瓶内预置适量的无菌玻璃珠）中，充分混匀，制成 1∶10 的样品匀液。

（2）10 倍系列稀释。每递增稀释一次，换用 1 次 1mL 无菌吸管或吸头，注意吸管或吸头尖端不要触及稀释液面。

（3）选择 2～3 个适宜稀释度的样品匀液，各取 1mL 分别加入无菌培养皿内。吸取 1mL 空白稀释液作空白对照。

（4）每皿中加入 15～20mL 冷却至 45℃ 的琼脂培养基，并转动培养皿使其混合均匀。

2. 培养

（1）琼脂凝固后，将平板翻转，于 37℃ 培养 48h。

（2）如果样品中可能含有在琼脂培养基表面弥漫生长的菌落时，可在凝固后的琼脂表面覆盖一薄层琼脂培养基（约 4mL），凝固后翻转平板，按上述条件进行培养。

3. 菌落计数

可用肉眼观察，必要时用放大镜或菌落计数器，记录稀释倍数和相应的菌落数量。菌落计数以菌落形成单位（CFU）表示。

（1）选取菌落数在 30～300 CFU、无蔓延菌落生长的平板计数菌落总数。低于 30 CFU 的平板记录具体菌落数，大于 300 CFU 的可记录为多不可计。每个稀释度的菌落数应采用两个平板的平均数。

（2）其中一个平板有较大片状菌落生长时，则不宜采用，而应以无片状菌落生长的平板作为该稀释度的菌落数；若片状菌落不到平板的一半，而其余一半菌落分布又很均匀，即可计算半个平板后乘以 2，代表一个平板菌落数。

（3）当平板上出现菌落间无明显界限的链状生长时，则将每条单链作为一个菌落计数。

4. 结果

（1）若只有一个稀释度平板上的菌落数在适宜计数范围内，计算两个平板菌落数的平均值，再将平均值乘以相应稀释倍数，作为每克（毫升）中菌落总数结果。

（2）若有两个连续稀释度的平板菌落数在适宜计数范围内时，按下式计算：

$$N = \left[\sum C / (n_1 + 0.1 n_2) \right] d$$

式中，N 为样品中菌落数；$\sum C$ 为平板（含适宜范围菌落数的平板）菌落数之和；n_1 为第一稀释度（低稀释倍数）平板个数；n_2 为第二稀释度（高稀释倍数）平板个数；d 为稀释因子（第一稀释度）。

（3）若所有稀释度的平板上菌落数均大于 300，则对稀释度最高的平板进行计数，其他平板可记录为多不可计，结果按平均菌落数乘以最高稀释倍数计算。

（4）若所有稀释度的平板菌落数均小于 30，则应按稀释度最低的平均菌落数乘以稀释倍数计算。

（5）若所有稀释度（包括液体样品原液）平板均无菌落生长，则以小于 1 乘以最低稀释倍数计算。

（6）若所有稀释度的平板菌落数均不在 30～300 之间，其中一部分小于 30 或大于 300 时，则以最接近 30 或 300 的平均菌落数乘以稀释倍数计算。

5. 菌落总数的报告

（1）菌落数在 100 以内时，按四舍五入原则修约，以整数报告。

（2）菌落数大于或等于 100 时，第三位数字采用四舍五入原则修约后，取前两位数字后面用 0 代替位数；也可用 10 的指数形式来表示，按四舍五入原则修约后，采用两位有效数字。

（3）若所有平板上为蔓延菌落而无法计数，则报告菌落蔓延。

（4）若空白对照上有菌落生长，则此次检验结果无效。

（5）称重取样以 CFU/g 为单位报告，体积取样以 CFU/mL 为单位报告。

五、实验结果

1.将实验测出的样品数据以报表方式报告结果。

2.对样品菌落总数作出是否符合食品卫生要求的结论。

六、思考题

1.影响细菌菌落总数准确性的因素有哪些？

2.食品中检出的菌落总数是否代表该食品上的所有细菌数？为什么？

实验 34

抗生素效价的生物测定

一、实验目的

1.熟悉抗生素效价测定的原理。

2.掌握抗生素效价测定的方法和实验操作。

二、实验原理

抗生素的医疗价值决定于它的抗菌特性，因此利用它们各自的抗菌活性来测定其效价有着特殊的意义。效价的测定法有液体稀释法、比浊法和扩散法等。本实验采用国际上最为常用的杯碟扩散法来定量测定林可霉素（洁霉素）的效价。测定时，将规格完全一致的不锈钢小管（即牛津小杯）置于含敏感菌的琼脂平板上，并在牛津小杯中加入已知浓度的标准青霉素溶液和未知浓度的青霉素发酵液。抗生素自牛津小杯处向平板四周扩散，在抑菌浓度所达范围内敏感菌的生长被抑制而出现抑菌圈。在一定的范围内，抗生素浓度的对数值与抑菌圈直径呈线性关系。因此，只要将被测样品与标准样品抑菌圈直径进行比较，就可在标准曲线上查得未知样品的抗生素效价。

三、实验器材

1. 菌种

大肠杆菌（*Escherichia coli*）。

2. 培养基

牛肉膏蛋白胨琼脂培养基（作生物测定用时，平板应分上下两层，上层须另加 25% 葡萄糖）。

3. 溶液与试剂

pH 6 磷酸盐缓冲液、葡萄糖溶液、氨苄青霉素钠盐。

4. 仪器设备

恒温培养箱、超净工作台、高压蒸汽灭菌锅等。

5. 其他材料

牛津小杯 [不锈钢小管，内径（6±0.1）mm，外径（8±0.1）mm，高（10±0.1）mm]、培养皿、试管、滴管、移液管、微量移液器、枪头、镊子、涂布棒等。

四、实验内容

1. 标准曲线的绘制

（1）倒下层培养基

取无菌培养皿 5 套，每皿移入 20mL 牛肉膏蛋白胨下层琼脂培养基，置水平待凝，备用。

（2）铺含菌上层培养基

将装在锥形瓶中的牛肉膏蛋白胨琼脂培养基 100mL 熔化，待冷却到 50℃左右时再加入 25% 葡萄糖溶液 2mL 和大肠杆菌菌液 5mL（加入菌液的浓度应控制在使 1U/mL 氨苄青霉素钠盐的抑菌圈直径在 20～24mm），充分混匀后，用移液管吸取 4mL 于下层平板上迅速铺平，然后移水平位置凝固。

（3）放牛津小杯

待上层充分凝固后，在每个琼脂平板上轻轻放置4只牛津小杯，其间距应相等。

（4）滴加标准样品液

用无菌洁净移液管滴加标准样品，每一稀释度应更换一根移液管。每只牛津小杯中的加液量为0.2mL或者用带滴头的滴管加样品，加液量与杯口水平为准。每一稀释度做三个重复。

（5）培养

待样品加毕后，最好换上无菌陶瓷盖作培养皿的盖子，并将平板置于37℃恒温培养箱内培养18～24h观察测定结果。

（6）测量与计算

移去培养皿的陶瓷盖，再将牛津小杯移去，精确地测量各稀释度的青霉素的抑菌圈直径（若用圆规两脚的针尖测量则更精确），并记录。

① 计算步骤

算出各组（即各剂量）抑菌圈的平均值，算出各组1U/mL的抑菌圈平均值，统计5套培养皿中1U/mL的抑菌圈总平均值。

以1U/mL抑菌圈的总平均值来校正各组的1U/mL抑菌圈的平均值，即求得各组的校正值。

以各组1U/mL的抑菌圈的校正值校正各剂量单位浓度的抑菌圈的直径，即获得各组抑菌圈的校正值。

② 绘制标准曲线

在对数坐标纸上，以青霉素浓度（对数值）为纵坐标，以抑菌圈直径的校正值为横坐标，绘制标准曲线。

2.青霉素发酵液效价的测定

用1% pH 6磷酸盐缓冲液将青霉素发酵液作适当稀释。每个被检样品用3套培养皿进行测定。青霉素标准液（1U/mL）与发酵液的稀释液间隔地加入牛津小杯中，然后将平板放37℃下培养18～24h后，测定抑菌圈的直径。

3.青霉素发酵液效价的计算

（1）将青霉素标准工作液（1U/mL）在培养皿中抑菌圈的平均值与标准曲线上1U/mL的抑菌圈直径进行校正，求得校正数。

（2）将此校正值校正被检发酵液抑菌圈直径，求得该被检发酵液的校正值。

（3）按此校正值在标准曲线上查得被检青霉素发酵液稀释液的效价。

（4）将被检青霉素稀释发酵液乘上其稀释倍数，就可求得青霉素发酵液原液的效价。

五、注意事项

1. 要注意控制大肠杆菌的菌液浓度，否则会影响抑菌圈的大小。

2. 不同的青霉素制剂每毫克所含的国际单位有差异，做标准曲线测定时应注意选择。氨苄青霉素钠盐 1mg＝1667IU，氨苄青霉素钾盐 1mg＝1595IU。

六、实验结果

1. 在对数坐标纸上，以青霉素浓度（IU/mL）的对数值为纵坐标，以抑菌圈直径的校正值（mm）为横坐标，绘制标准曲线。

2. 计算发酵液中青霉素的效价。

七、思考题

1. 用微生物法测定抗生素效价有何优缺点？

2. 本实验中哪些操作易引入误差，如何避免？

实验 35

食品中大肠菌群的测定

一、实验目的

1. 了解大肠菌群在食品卫生检验中的意义。

2. 学习并掌握大肠菌群的检验方法。

二、实验原理

大肠菌群系指一群能发酵乳糖、产酸产气、需氧和兼性厌氧的革兰氏阴性无芽孢杆菌。该菌主要来源于人畜粪便，故以此作为粪便污染指标来评价食品的卫生质量，具有广泛的卫生学意义。它反映了食品是否被粪便污染，同时间接地指出食品是否有肠道致病菌污染的可能性。

大肠菌群 MPN 计数法的原理就是根据大肠菌群能发酵乳糖产酸产气的特性，依据证实为大肠菌群阳性的发酵管数，查表检索报告每 1mL（g）样品中大肠菌群的 MPN。食品中大肠菌群数系以每 1mL（g）检样内大肠菌群最大概率数（most probable number，MPN）表示。MPN 是对样品中活菌密度的估计。月桂基硫酸盐胰蛋白胨（LST）肉汤中，胰蛋白胨提供碳源和氮源满足细菌生长的需求，氯化钠可维持均衡的渗透压，乳糖是大肠菌群的可发酵性糖类，磷酸二氢钾和磷酸氢二钾是缓冲剂，月桂基硫酸钠可抑制非大肠菌群细菌的生长。

三、实验器材

1. 菌株

大肠杆菌（*Escherichia coli*）、产气肠杆菌（*Enterobacter areogenes*）。

2. 培养基

（1）月桂基硫酸盐胰蛋白胨（LST）肉汤培养基

胰蛋白胨 20.0g/L，氯化钠 5.0g/L，乳糖 5.0g/L，磷酸氢二钾 2.75g/L，磷酸二氢钾 2.75g/L，月桂基硫酸钠 0.1g/L，pH 6.8±0.2。

（2）煌绿乳糖胆盐（BGLB）肉汤培养基

蛋白胨 10.0g/L，乳糖 10.0g/L，牛胆粉 20.0g/L，煌绿 0.0133g/L，pH 7.2±0.1。

3. 溶液与试剂

磷酸盐缓冲液、生理盐水。

4. 仪器设备

恒温培养箱、水浴锅、天平、光学显微镜、均质器等。

5. 其他材料

温度计、培养皿、试管、发酵管、吸管、载玻片、接种针等。

四、实验内容

1. 样品稀释

（1）称取 25g（固体）或 25mL（液体）样品置于盛 225mL 灭菌生理盐水或磷酸盐缓冲液的灭菌玻璃瓶内（瓶内预置适当数量的玻璃珠）或灭菌均质杯内，经充分振摇或研磨做成 1:10 的均匀稀释液，调节 pH 至 6.5～7.5。

（2）用 1mL 灭菌吸管吸取 1:10 稀释液 1mL，注入含有 9mL 灭菌生理盐水或其他稀释液的试管内，振摇混匀，做成 1:100 的稀释液，换用 1 支 1mL 灭菌吸管，按上述操作依次作 10 倍递增稀释液。

（3）根据食品卫生要求或对检验样品污染情况的估计接种 3 管，也可直接用样品接种，从制备样品匀液至样品接种完毕，全过程不超过 15min。

2. 初发酵试验

每个样品选择 3 个适宜的连续稀释度样品匀液，每个稀释度接种 3 管 LST 肉汤，每管接种 1mL，如接种量超过 1mL，用双料 LST 肉汤，置 (36±1)℃培养箱内，培养 (24±2)h，观察管内是否有气泡产生，如未产气则继续培养至 (48±2)h。记录在 24h 和 48h 内产气的 LST 肉汤管数。未产气者为大肠菌群阴性，产气者则进行复发酵试验。

3. 复发酵试验

用接种环从所有 (48±2)h 内发酵产气的 LST 肉汤管中分别取培养物 1 环，移种于 BGLB 肉汤管中，于 (36±1)℃的恒温培养箱内培养 (48±2)h，观察产气情况。产气者，为大肠杆菌阳性管。

4. 报告

根据证实为大肠菌群阳性的管数，查 MPN 检索表（见表 2-19），报告每 1mL（g）食品中大肠菌群的 MPN 值。

表 2-19　大肠杆菌 MPN 检索表

阳性管数			MPN	95%可信限		阳性管数			MPN	95%可信限	
0.1 mL(g)	0.01 mL(g)	0.001 mL(g)		上限	下限	0.1 mL(g)	0.01 mL(g)	0.001 mL(g)		上限	下限
0	0	0	<3.0	—	9.5	2	2	0	21	4.5	42
0	0	1	3.0	0.15	9.6	2	2	1	28	8.7	94
0	1	0	3.0	0.15	11	2	2	2	35	8.7	94

续表

阳性管数			MPN	95%可信限		阳性管数			MPN	95%可信限	
0.1 mL(g)	0.01 mL(g)	0.001 mL(g)		上限	下限	0.1 mL(g)	0.01 mL(g)	0.001 mL(g)		上限	下限
0	1	1	6.1	1.2	18	2	3	0	29	8.7	94
0	2	0	6.2	1.2	18	2	3	1	36	8.7	94
0	3	0	9.4	3.6	38	3	0	0	23	4.6	94
1	0	0	3.6	0.17	18	3	0	1	38	8.7	110
1	0	1	7.2	1.3	18	3	0	2	64	17	180
1	0	2	11	3.6	38	3	1	0	43	9	180
1	1	0	7.4	1.3	20	3	1	1	75	17	200
1	1	1	11	3.6	38	3	1	2	120	37	420
1	2	0	11	3.6	42	3	1	3	160	40	420
1	2	1	15	4.5	42	3	2	0	93	18	420
1	3	0	16	4.5	42	3	2	1	150	37	420
2	0	0	9.2	1.4	38	3	2	2	210	40	430
2	0	1	14	3.6	42	3	2	3	290	90	1000
2	0	2	20	4.5	42	3	3	0	240	42	1000
2	1	0	15	3.7	42	3	3	1	460	90	2000
2	1	1	20	4.5	42	3	3	2	1100	180	4100
2	1	2	27	8.7	94	3	3	3	>1100	420	—

注：1. 本表采用 3 个稀释度 [0.1mL (g)、0.01mL (g) 和 0.001mL (g)]，每个稀释度接种 3 管。

2. 表内所列检样量如改用 1mL (g)、0.1mL (g) 和 0.01mL (g) 时，表内数字应相应除以 10 倍；如改用 0.01mL (g)、0.001mL (g)、0.0001mL (g) 时，则表内数字应相应乘以 10 倍，其余类推。

五、实验结果

报告每 1mL(g) 食品中大肠菌群的 MPN 值。

六、思考题

1. 大肠菌群检查中为什么首先要用月桂基硫酸盐蛋白胨肉汤发酵管？

2. 为什么大肠菌群的检验要经过复发酵证实？

3. 复发酵时为什么要使用煌绿乳糖胆盐发酵管？

实验 36

食品中金黄色葡萄球菌的检验

一、实验目的

1. 了解金黄色葡萄球菌检验的原理。
2. 掌握金黄色葡萄球菌的检验及鉴定方法。

二、实验原理

葡萄球菌在自然界分布极广，空气、土壤、水、饲料、食品（剩饭、糕点、牛奶、肉品等）以及人和动物的体表黏膜等处均有存在，大部分是不致病，也有一些致病的球菌。金黄色葡萄球菌是葡萄球菌属一个种，可引起皮肤组织炎症，还能产生肠毒素。如果在食品中大量生长繁殖，产生毒素，人误食了含有毒素的食品，就会发生食物中毒，故食品中存在金黄色葡萄球菌对人的健康是一种潜在危险，检查食品中金黄色葡萄球菌及数量具有实际意义。

金黄色葡萄球菌能产生凝固酶，使血浆凝固，多数致病菌株能产生溶血毒素，使血琼脂平板菌落周围出现溶血环，在试管中出现溶血反应。这些是鉴定致病性金黄色葡萄球菌的重要指标。

三、实验器材

1. 菌种

金黄色葡萄球菌（*Staphylococcus aureus*）。

2. 培养基

（1）7.5% NaCl 肉汤培养基

蛋白胨 10g/L，牛肉膏 3g/L，NaCl 75g/L，pH 7.4。

（2）10% NaCl 胰酪胨大豆肉汤培养基

胰蛋白胨 17.0g/L，蛋白胨 3.0g/L，氯化钠 100.0g/L，磷酸氢二钾 2.5g/L，葡萄糖 2.5g，pH 7.4。

（3）血琼脂培养基

营养琼脂 100mL，脱纤维羊血或兔血 5～10mL。

（4）Baird-Parker 琼脂培养基

胰酪蛋白胨 10.0g/L，酵母浸粉 1.0g/L，牛肉浸粉 5.0g/L，丙酮酸钠 10.0g/L，甘氨酸 12.0g/L，氯化锂 5.0g/L，琼脂 20.0g/L，pH 6.8。

（5）BHI 培养基

牛脑 200.0g/L，牛心浸出汁 250.0g/L，蛋白胨 10.0g/L，葡萄糖 2.0g/L，NaCl 5.0g/L，琼脂 20.0g/L，pH 6.8～7.2。

3. 溶液与试剂

无菌生理盐水、兔血浆、革兰氏染色液等。

4. 仪器设备

显微镜、恒温培养箱、水浴锅、离心机、天平、pH 计、均质器等。

5. 其他材料

锥形瓶、试管、移液管、培养皿、量筒、剪刀、不锈钢汤匙、酒精灯、接种环、称量纸等。

四、实验内容

1. 样品处理

（1）固体或半固体食品：以无菌操作称取 25g 样品，放入装有 225mL 7.5% NaCl 肉汤或 10% NaCl 胰酪胨大豆肉汤的无菌均质杯内，于 8000r/min 均质 1～2min，制成 1：10 样品匀液。

（2）液体食品：用灭菌吸管吸取 25mL 样品，放入装有 225mL 7.5% NaCl 肉汤或 10% NaCl 胰酪胨大豆肉汤的无菌锥形瓶内（瓶内预置适当数量的玻璃珠），经充分振摇制成 1：10 样品匀液。

2. 增菌培养

（1）将上述样品匀液，放于（36±1）℃培养 18～24h。金黄色葡萄球菌在 7.5% NaCl 肉汤中呈浑浊生长，污染严重时在 10% NaCl 胰酪胨大豆肉汤内呈浑浊生长。

（2）取上述培养物 1 环，划线接种于 Baird-Parker 平板和血琼脂平板。Baird-Parker 平板于（36±1）℃培养 18～24h 或 45～48h，血琼脂平板于（36±1）℃培养 18～24h。

（3）金黄色葡萄球菌在 Baird-Parker 平板上菌落呈圆形、凸起、光滑、湿润，直径为 2～3mm，颜色呈灰色到黑色，边缘为淡色，周围为一浑浊带，在其外层有一透明圈。

3. 鉴定

（1）挑取菌落进行革兰氏染色镜检。金黄色葡萄球菌为革兰氏阳性球菌，排列呈葡萄球状，无芽孢，无荚膜，直径为 0.5～1μm。

（2）血浆凝固酶试验

挑取 Baird-Parker 平板或血琼脂平板上可疑菌落 1 个或以上，分别接种到 5mL BHI 琼脂斜面，（36±1）℃培养 18～24h。

取新鲜兔血浆 0.5mL，放入小试管中，加入上述 BHI 培养物 0.2～0.3mL，振荡摇匀，置于（36±1）℃水浴锅内，每半小时观察一次，6h 内呈现凝固或凝固体积大于原体积的一半，则判定为阳性结果。同时以血浆凝固酶试验阳性和阴性葡萄球菌菌株的肉汤培养物作为对照。

五、实验结果

综合形态特征，血琼脂平板情况以及血浆凝固酶试验结果，判别检样有否金黄色葡萄球菌，作出报告。

六、思考题

1.食品中能否允许有个别金黄色葡萄球菌存在？为什么？
2.鉴定致病性金黄色葡萄球菌的重要指标是什么？

实验 37

食品中沙门菌检验

一、实验目的

1.了解沙门菌属生化反应的检验原理。

2. 掌握沙门属血清因子使用方法。

3. 掌握沙门菌属的系统检验方法。

二、实验原理

沙门菌属是一群符合肠杆菌科定义并与其血清学相关的革兰氏阴性、需氧性、无芽孢杆菌，种类繁多，抗原结构复杂，现已发现 2000 多个血清型。

沙门菌属为革兰氏阴性，大小为 $(1\sim3)\mu m \times (0.4\sim0.9)\mu m$ 的两端钝圆的短杆菌，无芽孢，一般无荚膜，除鸡沙门菌和雏沙门菌以外，都有周身鞭毛，运动力强。绝大多数沙门菌有规律地发酵葡萄糖产酸产气，但也有不产气者，不发酵蔗糖和侧金盏花醇，不产生吲哚，不分解尿素。

三、实验器材

1. 菌种

沙门菌（*Salmonella*）、大肠杆菌（*Escherichia coli*）。

2. 培养基

缓冲蛋白胨水（BPW）、四硫酸钠煌绿（TTB）增菌液、亚硒酸盐胱氨酸（SC）增菌液、亚硫酸铋琼脂（BS）、HE 琼脂、木糖赖氨酸脱氧胆盐（XLD）琼脂、科玛嘉沙门菌属显色培养基、三糖铁（TSI）琼脂、蛋白胨水、尿素琼脂、氰化钾（KCN）培养基、赖氨酸脱羧酶试验培养基、糖发酵管、邻硝基酚 β-D 半乳糖苷（ONPG）、半固体琼脂培养基。

3. 溶液与试剂

靛基质试剂、沙门菌 O 和 H 诊断血清、API20E 生化鉴定试剂盒或 VITEKGNI 生化鉴定卡。

4. 仪器设备

天平、均质器、显微镜、金属匙等。

5. 其他材料

烧瓶、广口瓶、吸管、培养皿、接种棒、试管架等。

四、实验内容

1. 前增菌

沙门菌在食品加工过程中，常因受到损伤而处于濒死状态，因此加工的食品检验沙门菌时应经过前增菌，即用不加任何抑菌剂的缓冲蛋白胨水（BPW）进行增菌，使濒死状态的沙门菌恢复活力。蛋制品、乳制品和冻肉等食品应进行前增菌。冷冻产品，还应在45℃以下不超过15min，或2～4℃不超过18h解冻。

以无菌操作取25mL（g）样品，加在装有225mL BPW的无菌均质杯中，以8000～10000r/min打碎1～2min，或用乳钵加灭菌砂磨碎，粉状食品用灭菌匙或玻棒研磨使其乳化，无菌操作将样品转移至锥形瓶中，于（36±1）℃培养8～18h。

2. 增菌

移取上述样品10mL，转种于100mL TTB内，于（42±1）℃培养18～24h。同时，另取10mL，转种于100mL SC内，于（36±1）℃培养18～24h。

3. 分离

分别用接种环取增菌液1环，划线接种于1个BS琼脂平板和一个XLD琼脂平板（或HE琼脂平板、科玛嘉显色培养基平板），于（36±1）℃分别培养18～24h（XLD琼脂平板、HE琼脂平板、科玛嘉沙门菌属显色培养基平板）或40～48h（BS琼脂平板），观察各个平板上生长的菌落。各个平板上的菌落特征见表2-20。

表2-20　沙门菌属在各种选择性琼脂平板上的菌落特征

选择性琼脂平板	特征
BS琼脂	菌落为黑色带有金属光泽、棕褐色或灰色，菌落周围培养基可呈黑色或棕色；有些菌株形成灰绿色的菌落，周围培养基不变
HE琼脂	蓝绿色或蓝色；多数菌落中心黑色或几乎全黑色；有些菌株为黄色，中心黑色或几乎全黑色
XLD琼脂	菌落呈粉红色，带或不带黑色中心，有些菌株可呈现大的带光泽的黑色中心，或呈现全部黑色的菌落；有些菌株为黄色菌落，带或不带黑色中心
科玛嘉沙门菌属显色培养基	菌落为紫红色

4. 生化试验

（1）三糖铁琼脂和赖氨酸脱羧酶试验

自选择性琼脂平板上分别挑取数个可疑菌落，接种至三糖铁琼脂，先在斜面划线，再于底层穿刺；接种针不要灭菌，直接接种赖氨酸脱羧酶试验培养基，于（36±1）℃培养18～24h，必要时可延长至48h。在三糖铁琼脂和赖氨酸脱羧酶试验培养基内，沙门菌属的反应结果见表 2-21。在三糖铁琼脂内斜面产酸，底层产酸，同时赖氨酸脱羧酶试验阴性的菌株可以排除。其他的反应结果均为有沙门菌属的可能，同时也均有不是沙门菌属的可能。

表 2-21　沙门菌属在三糖铁琼脂和赖氨酸脱羧酶试验培养基内的反应结果

三糖铁琼脂				赖氨酸脱羧酶试验培养基	初步判断
斜面产酸	底层产酸	产气	硫化氢		
－	＋	＋（－）	＋（－）	＋	可疑沙门菌属
－	＋	＋（－）	＋（－）	－	可疑沙门菌属
＋	＋	＋（－）	＋（－）	＋	可疑沙门菌属
＋	＋	＋／－	＋／－		非沙门菌属

注：＋阳性；－阴性；＋（－）多数阳性，少数阴性；＋／－阳性或阴性。

（2）系列生化反应试验

接种三糖铁琼脂和赖氨酸脱羧酶试验培养基的同时，可直接接种蛋白胨水（供做靛基质试验）、尿素琼脂（pH 7.2）、氰化钾（KCN）培养基，也可在初步判断结果后从营养琼脂平板上挑取可疑菌落接种。于（36±1）℃培养 18～24h，必要时可延长至 48h，按表 2-22 判定结果。将已挑菌落的平板存于 2～5℃或室温至少保留 24h，以备必要时复查。

表 2-22　沙门菌属生化反应初步鉴定表

反应序号	硫化氢（H_2S）	靛基质	pH 7.2 尿素	氰化钾（KCN）	赖氨酸脱羧酶
A1	＋	－	－	－	＋
A2	＋	＋	－	－	＋
A3	－	－	－	－	＋／－

注：＋表示阳性；－表示阴性；＋／－阳性或阴性。

① 反应序号 A1：典型反应判定为沙门菌属。如尿素、KCN 和赖氨酸脱羧酶 3 项中有 1 项异常，按表 2-22 可判定为沙门菌。如有 2 项异常，则按表 2-23 判定为非沙门菌。

表 2-23　沙门菌生化鉴别表

pH 7.2 尿素	氰化钾（KCN）	赖氨酸脱羧酶	判定结果
－	－	－	甲型副伤寒沙门菌（要求血清学鉴定结果）
－	＋	＋	沙门菌Ⅳ或Ⅴ（要求符合本群生化特性）
＋	－	＋	沙门菌个别变体（要求血清学鉴定结果）

注：＋表示阳性；－表示阴性。

② 反应序号 A2：补做甘露醇和山梨醇试验，沙门菌靛基质阳性变性两

项试验结果均为阳性，但需要结合血清学鉴定结果进行判定。

③ 反应序号 A3：补做 ONPG。ONPG 阴性为沙门菌，同时赖氨酸脱羧酶阳性，甲型副伤寒沙门菌为赖氨酸脱羧酶阴性。

④ 必要时按表 2-24 进行沙门菌生化群的鉴别。

表 2-24　沙门菌属各生化群的鉴别

项目	I	II	III	IV	V	VI
卫矛醇						
山梨醇						
水杨苷						
ONPG						
丙二酸盐						
KCN						

注：＋表示阳性；－表示阴性。

5. 血清学分型鉴定

（1）抗原的准备

通常采用 1.2%～1.5% 琼脂斜面培养物作为玻片凝集试验用的抗原。O 血清不凝集时，将菌株接种在 2%～3% 琼脂量较高的培养基上检查，O 抗原在干燥环境中发育较好；如果是 Vi 抗原的存在而阻止了 O 血清凝集反应时，可挑取菌苔于 1mL 生理盐水中做成浓菌液，在酒精灯火焰上煮沸后再检查。H 抗原发育不良时，可将菌株接种在 0.55%～0.65% 半固体琼脂平板的中央，待菌落蔓延生长时，在其边缘部分取菌检查；或将菌株通过装有 0.3%～0.4% 半固体琼脂的小玻管 1～2 次，自远端取菌培养后再检查。

（2）多价（O）抗原的鉴定

在玻片上划出两个约 1cm×2cm 的区域，挑取 1 环待测菌，各放 1/2 环于玻片上的每一区域上部，在其中一个区域下部加 1 滴多价菌体（O）抗血清，在另一区域加入 1 滴生理盐水，作为对照。再用无菌的接种环或针分别将两个区域内的菌落研成乳状液。将玻片倾斜摇动混合 1min，并对着黑暗背景进行观察，任何程度的凝集现象皆为阳性反应。

（3）多价鞭毛（H）的鉴定

同（2）多价（O）抗原的鉴定。

（4）血清学分型（选做）

① O 抗原的鉴定

用 A～F 多价 O 血清做玻片凝集试验，同时用生理盐水做对照。在生理盐水中自凝者为粗糙形菌株，不能分型。

被 A~F 多价 O 血清凝集者，依次用 O4、O3、O10、O7、O8、O9、O2 和 O11 因子血清做凝集试验。根据试验结果，判定 O 群。被 O3、O10 血清凝集的菌株，再用 O10、O15、O34、O19 单因子血清做凝集试验，判定 E1、E2、E3、E4 各亚群，每一个 O 抗原成分的最后确定均应根据 O 单因子血清的检查结果，没有 O 单因子血清的要用两个 O 复合因子血清进行核对。

不被 A~F 多价 O 血清凝集者，先用 9 种多价 O 血清检查，如有其中一种血清凝集，则用这种血清所包括的 O 群血清逐一检查，以确定 O 群。每种多价 O 血清所包括的 O 因子如下：

O 多价 1：A，B，C，D，E，F 群（并包括 6，14 群）。

O 多价 2：13，16，17，18，21 群。

O 多价 3：28，30，35，38，39 群。

O 多价 4：40，41，42，43 群。

O 多价 5：44，45，47，48 群。

O 多价 6：50，51，52，53 群。

O 多价 7：55，56，57，58 群。

O 多价 8：59，60，61，62 群。

O 多价 9：63，65，66，67 群。

② H 抗原的鉴定

属于 A~F 各 O 群的常见菌型，依次用表 2-25 所述 H 因子血清检查第 1 相和第 2 相的 H 抗原。

表 2-25　A~F 群常见菌型 H 抗原表

O 群	第 1 相	第 2 相
A	A	无
B	g,f,s	无
B	I,b,d	2
C1	k,v,r,c	5,Z15
C2	b,d,r	2,5
D(不产气的)	d	无
D(产气的)	g,m,p,q	无
E1	h,v	6,w,x
E4	g,s,t	无
E4	I	

不常见的菌型，先用 8 种多价 H 血清检查，如有其中一种或两种血清

凝集，则再用这一种或两种血清所包括的各种 H 因子血清逐一检查，以第 1 相和第 2 项的 H 抗原。8 种多价 H 血清所包括的 H 因子如下：

H 多价 1：a，b，c，d，i。

H 多价 2：eh，enx，enz15，fg，gms，gpu，gp，gq，mt，gz_{51}。

H 多价 3：k，r，y，z，z10，lv，lw，lz_{13}，lz_{28}，lz_{40}。

H 多价 4：1，2；1，5；1，6；1，7；z_6。

H 多价 5：z_4z_{23}，z_4z_{24}，z_4z_{32}，z_{29}，z_{35}，z_{36}，z_{38}。

H 多价 6：z_{39}，z_{41}，z_{42}，z_{44}。

H 多价 7：z_{52}，z_{53}，z_{54}，z_{55}。

H 多价 8：z_{56}，z_{57}，z_{60}，z_{61}，z_{62}。

每一个 H 抗原成分的最后确定均应根据 H 单因子血清的检查结果，没有 H 单因子血清的要用两个 H 复合因子血清进行核对。

检出第 1 相 H 抗原而未检出第 2 相 H 抗原的或检出第 2 相 H 抗原而未检出第 1 相 H 抗原的，可在琼脂斜面上移种 1～2 代后再检查。如仍只检出一个相的 H 抗原，要用位相变异的方法检查其另一个相。单相菌不必做位相变异检查。

位相变异试验方法如下：

小玻管法：将半固体管（每管 1～2mL）在酒精灯上熔化并冷却至 50℃，取已知相的 H 因子血清 0.05～0.1mL，加入熔化的半固体内，混匀后，用毛细吸管吸取分装于供位相变异试验的小玻管内，待凝固后，用接种针挑取待检菌，接种于一端。将小玻管平放在培养皿内，并在其旁放一团湿棉花，以防琼脂中水分蒸发而干缩，每天检查结果，待另一相细菌解离后，可以从另一端挑取细菌进行检查。培养基内血清的浓度应有适当的比例，过高时细菌不能生长，过低时同一相细菌的动力不能抑制。一般按原血清（1∶200）～（1∶800）的量加入。

小倒管法：将两端开口的小玻管（下端开口要留一个缺口，不要平齐）放在半固体管内，小玻管的上端应高出培养基的表面，灭菌后备用。临用时在酒精灯上加热熔化，冷却至 50℃，挑取因子血清 1 环，加入小套管中的半固体内，略加搅动，使其混匀，待凝固后，将待检菌株接种于小套管中的半固体表层内，每天检查结果，待另一相细菌解离后，可从套管外的半固体表面取菌检查，或转种 1％软琼脂斜面，于 37℃培养后再做凝集试验。

简易平板法：将 0.35％～0.4％半固体琼脂平板烘干表面水分，挑取因子血清 1 环，滴在半固体平板表面，放置片刻，待血清吸收到琼脂内，在血清部位的中央点待检菌株，培养后，在形成蔓延生长的菌苔边缘取菌检查。

③ Vi 抗原的鉴定

用 Vi 因子血清检查。已知具有 Vi 抗原的菌型有：伤寒沙门菌，丙型副伤寒沙门菌，都柏林沙门菌。

④ 菌型的判定

根据血清学分型鉴定的结果，按照有关沙门菌属抗原表判定菌型。

五、注意事项

为保证检验的准确性，必须在选择性培养基上挑取足够数量的菌落进行生化和血清学鉴定，测试过程中应同时接种阳性对照菌株。

六、实验结果

综合以上生化试验和血清学鉴定的结果，报告样品中检出或未检出沙门菌。

七、思考题

1. 记录观察到的沙门菌菌落特征。
2. 为什么进行前增菌？

实验 38

食品中双歧杆菌检验

一、实验目的

1. 了解双歧杆菌的形态特征和生理特征。
2. 掌握双歧杆菌的检验和鉴定原理与方法。

二、实验原理

双歧杆菌属（*Bifidobacterium*）是一种革兰氏阳性、不运动、细胞呈杆状、一端有时呈分叉状、严格厌氧的细菌属，是人和动物肠道菌群的重要组成成员之一。一些双歧杆菌的菌株可以作为益生菌而用在食品、医药和饲料方面。我国从 20 世纪 90 年代初开始将双歧杆菌用于各种健康食品中，也将冻干菌粉作为生物药物用于治疗肠道疾病。

双歧杆菌属中的主要菌种有两歧双歧杆菌、婴儿双歧杆菌、青春双歧杆菌、长双歧杆菌、短双歧杆菌和动物双歧杆菌等。

双歧杆菌对营养条件要求高，对氧极为敏感，对低 pH 耐性差，容易失活。产品在销售和消费过程中活菌含量迅速下降，商品货架期短。例如，双歧杆菌液体制剂在几天内菌数就会下降一个数量级，冻干菌粉在一般储存温度下也只能保存几个月。因此，有必要对含活性双歧杆菌的食品或其制剂进行检验和鉴定。

三、实验器材

1. 待测样品

含活性双歧杆菌的固态（半固态）和液态食品或其冻干制剂。

2. 培养基

（1）成分：蛋白胨 15.0g、酵母浸膏 2.0g、葡萄糖 20.0g、可溶性淀粉 0.5g、氯化钠 5.0g、西红柿浸出液 400mL（新鲜的西红柿洗净后称重切碎，加等量的蒸馏水在 100℃水浴中加热，搅拌 90min，然后用纱布过滤，校正 pH 7.0，将浸出液分装，于 121℃高压灭菌 15～20min）、吐温-80 1.0mL、肝粉 0.3g、琼脂 15.0～20.0g，加蒸馏水至 1000mL。

（2）半胱氨酸盐溶液的配制：半胱氨酸 0.5g，加入 1.0mL 盐酸，使半胱氨酸全部溶解。

（3）培养基的配制：将（1）中所有成分加入蒸馏水中，加热溶解，然后加入半胱氨酸盐溶液，校正 pH 6.8，分装后于 121℃高压灭菌 15～20min，临用时加热熔化培养基，冷至 50℃时使用。

3. 溶液与试剂

甲醇、三氯甲烷、硫酸、冰醋酸、乳酸、乙酸，乙酸标准溶液、乙酸标准使用液、乳酸标准溶液、乳酸标准使用液。

4. 仪器设备

净化工作台、恒温培养箱、气相色谱仪配 FID 检测器、冰箱、天平等。

5. 其他材料

试管、无菌吸管、微量移液器、锥形瓶等。

四、实验内容

1. 样品的制备

（1）样品的全部制备过程均应遵循无菌操作程序。

（2）以无菌操作称取 25g 固体或 25mL 液体样品，置于装有 225mL 生理盐水的灭菌锥形瓶内，制成 1∶10 的样品匀液。

2. 样品的稀释

（1）用 1mL 无菌吸管或微量移液器吸取 1∶10 样品匀液 1mL，沿管壁缓缓注于装 9mL 生理盐水的无菌试管中（注意吸管尖端不要触及稀释液），振荡试管或换用 1 支无菌吸管反复吹打使其混合均匀，制成 1∶100 的样品匀液。

（2）另取 1mL 无菌吸管或微量移液器吸头，按上述操作顺序，制 10 倍递增稀释样品匀液，每递增稀释一次，即换用 1 次 1mL 灭菌吸管或吸头。

3. 涂布平板与培养

（1）根据对待鉴定样品的活菌数估计，选择 3 个适宜的连续稀释度，每个稀释度吸取 0.1mL 稀释液置琼脂平板上，用涂布棒在双歧杆菌琼脂平板进行表面涂布，每个稀释度做 2 个平板。置（36±1）℃温箱内培养（48±2）h，培养后选取单个菌落进行纯培养。

（2）纯培养：挑取 3 个或以上的菌落接种于双歧杆菌琼脂平板，厌氧、（36±1）℃培养 48h。

4. 镜检及生化鉴定

（1）涂片镜检：双歧杆菌菌体为革兰氏染色阳性，不抗酸，无芽孢，无动力，菌体形态多样，呈短杆状、纤细杆状或球形，可形成各种分枝或分叉形态。

（2）生化鉴定：过氧化氢酶实验为阴性。选取纯培养平板上的 3 个单菌落，分别进行生化反应检测，不同双歧杆菌菌种主要生化反应见表 2-26。

表 2-26　双歧杆菌菌种主要生化反应

编号	项目	两歧双歧杆菌 (B. bifidum)	婴儿双歧杆菌 (B. infantis)	长双歧杆菌 (B. longum)	青春双歧杆菌 (B. adolescentis)	动物双歧杆菌 (B. animalis)	短双歧杆菌 (B. breve)
1	L-阿拉伯糖	−	−	+	+	+	−
2	D-核糖	−	+	+	+	+	+
3	D-木糖	−	+	+	d	+	+
4	L-木糖	−	−	−	−	−	−
5	阿东醇	−	−	−	−	−	−
6	D-半乳糖	d	+	+	+	d	+
7	D-葡萄糖	+	+	+	+	+	+
8	D-果糖	d	+	+	d	d	+
9	D-甘露糖	−	+	+	−	−	−
10	L-山梨糖	−	−	−	−	−	−
11	L-鼠李糖	−	−	−	−	−	−
12	卫矛醇	−	−	−	−	−	−
13	肌醇	−	−	−	−	−	+
14	甘露醇	−	−	−	−	−	−
15	山梨醇	−	−	−	−	−	−
16	α-甲基-D-葡萄糖苷	−	−	+	−	−	−
17	N-乙酰-葡萄糖胺	−	−	−	−	−	+
18	苦杏仁苷	−	−	−	+	+	−
19	七叶灵	−	−	+	+	+	−
20	水杨苷	−	+	−	+	+	−
21	D-纤维二糖	−	+	−	d	−	−
22	D-麦芽糖	−	+	+	+	+	+

续表

编号	项目	两歧双歧杆菌 (*B. bifidum*)	婴儿双歧杆菌 (*B. infantis*)	长双歧杆菌 (*B. longum*)	青春双歧杆菌 (*B. adolescentis*)	动物双歧杆菌 (*B. animalis*)	短双歧杆菌 (*B. breve*)
23	D-乳糖	+	+	+	+	+	+
24	D-蜜二糖	−	+	+	+	+	+
25	D-蔗糖	−	+	+	+	+	+
26	D-海藻糖（覃糖）	−	−	−	−	−	−
27	菊糖（菊根粉）	−	−	−	−	−	−
28	D-松三糖	−	−	+	+	−	−
29	D-棉子糖	−	+	+	+	+	+
30	淀粉	−	−	−	+	−	−
31	肝糖	−	−	−	−	−	−
32	龙胆二糖	−	+	−	+	+	+
33	葡萄糖酸钠	−	−	−	+	−	−

注：+表示90%以上菌株阳性；−表示90%以上菌株阴性；d表示11%～89%以上菌株阳性。

5. 报告

根据镜检及生化鉴定的结果，双歧杆菌的有机酸代谢产物乙酸与乳酸物质的量（μmol）之比大于1，报告双歧杆菌的种名。

五、注意事项

1. 待测样品匀液制备及涂布平板均应遵循无菌操作程序。

2. 可根据食品或制剂外包装标签所示的双歧杆菌种属，有选择性地应用生化鉴定进行生化反应检测。

六、实验结果

1. 试描述你所观察到的双歧杆菌在琼脂平板培养后长出的菌落形态特征。

2. 绘出或拍照涂片镜检的双歧杆菌菌体。

3.根据生化鉴定或有机酸代谢产物测定结果判断双歧杆菌种类。

七、思考题

1.双歧杆菌属的菌种应根据什么特征进行鉴定？

2.双歧杆菌对人体有什么重要的生理功能？

实验 39

酸乳中乳酸菌的测定

一、实验目的

1.掌握酸乳中乳酸菌的分离原理。

2.学习并掌握酸乳中乳酸菌菌数的检测方法。

二、实验原理

活性酸乳需要控制各种乳酸菌的比例，有些国家将乳酸菌的活菌数含量作为区分产品品种和质量的依据。由于乳酸菌对营养有复杂的要求，生长需要碳水化合物、氨基酸、肽类、脂肪酸、酯类、核酸衍生物、维生素和矿物质等，一般的肉汤培养基难以满足其要求。测定乳酸菌时必须尽量将试样中所有活的乳酸菌检测出来。要提高检出率，关键是选用特定良好的培养基。采用稀释平板菌落计数法，检测酸乳中的各种乳酸菌可获得满意的结果。

三、实验器材

1. 培养基

改良 MC 培养基：大豆蛋白胨 5.0g，牛肉浸粉 3.0g，酵母浸粉 3.0g，葡萄糖 20.0g，乳糖 20.0g，碳酸钙 10.0g，琼脂 15.0g，中性红 0.05g，水 1000mL，pH 6.0。

2. 仪器设备

旋涡均匀器、恒温培养箱、光学显微镜等。

3. 其他材料

移液管、玻璃珠、培养皿等。

四、实验内容

1. 样品稀释

先将酸乳样品搅拌均匀，用无菌移液管吸取样品 25mL 加入盛有 225mL 无菌水的锥形瓶中，在旋涡均匀器上充分振摇，务必使样品均匀分散，即为 10^{-1} 的样品稀释液，然后根据对样品含菌量的估计，将样品稀释至适当的稀释度。

2. 制平板

选用 2~3 个适合的稀释度，培养皿贴上相应的标签，分别吸取不同稀释度的稀释液 1mL 置于培养皿内，每个稀释度作 2 个重复。然后用熔化冷却至 45℃左右的 MC 培养基倒培养皿，迅速转动培养皿使之混合均匀，冷却成平板。

3. 培养和计数

将培养皿倒置于 37℃恒温箱内培养 72h，观察长出的细小菌落，计菌落数目，按常规方法选择 30~300 个菌落的培养皿进行计算。

4. 结果观察

（1）指示剂显色反应

乳酸菌的菌落很小，1~3mm，圆形隆起，表面光滑或稍粗糙，呈乳白色、灰白色或暗黄色。由于产酸菌落周围能使 $CaCO_3$ 产生溶解圈，酸碱指示剂呈酸性显色反应。

（2）镜检形态

必要时，可挑取不同形态菌落制片镜检确定是乳杆菌或乳链球菌。保加利亚乳杆菌呈杆状，成单杆或双杆或长丝状。嗜热链球菌，呈球状，成对或短链或长链状。

五、实验结果

作培养皿内菌落计数时，可用肉眼观察，必要时用放大镜检查，以防遗漏。在记下各平板的菌落数后，求出同稀释度的各平板的平均菌落总数。将各稀释平板上的菌落数填入表2-27。

表2-27　乳酸菌菌落数

稀释度	10^{-3}				10^{-4}				10^{-5}			
平板	1	2	3	平均	1	2	3	平均	1	2	3	平均
每毫升中的乳酸菌数												

根据试验结果，报告检测结果：

每1mL酸乳中的乳酸菌数是＿＿＿＿＿＿＿＿＿＿＿＿＿＿＿＿＿＿＿。

六、思考题

1. 为什么乳酸菌的检测关键是选用特定良好的培养基？
2. 培养基中为何加入 $CaCO_3$？

第三部分

工业微生物育种技术

实验 40

细菌的紫外诱变

一、实验目的

1.熟悉紫外线诱变的原理和方法。

2.掌握微生物的紫外线诱变技术。

二、实验原理

基因突变是微生物在遗传过程中的普遍现象，分为自发突变和人工诱变。人工诱变中，以紫外线照射最为常用，紫外线的光谱范围为40～390nm，能诱发微生物突变的有效波长是200～300nm，最适波长为254nm。紫外诱变的机理是：DNA对紫外线有强烈的吸收作用，尤其是嘧啶吸收紫外线后形成二聚体，从而阻碍碱基间的正常配对和DNA的复制，导致微生物的突变或死亡。经紫外线损伤的DNA能被可见光复活，因此用紫外线诱变微生物后需用黑纸或黑布包裹。

一切诱变剂都有杀菌和诱变两重功效。当细胞存活率高时，突变率通常随着诱变剂量的增大而增大，当达到某一数值时，突变率反而下降。说明在诱变剂的使用中存在最适剂量。用于微生物诱变的紫外线剂量的表示方法可分为绝对剂量和相对剂量。在紫外灯功率及照射距离一定的条件下，主要采用相对剂量来表示。

三、实验器材

1. 菌种

枯草芽孢杆菌（*Bacillus subtilis*）。

2. 培养基

牛肉膏蛋白胨培养基：牛肉膏3.0g，蛋白胨10.0g，NaCl 5.0g，琼脂15～25g，水1000mL，pH 7.4～7.6。

淀粉琼脂培养基：牛肉膏0.5g，蛋白胨1g，NaCl 0.5g，可溶性淀粉0.2g，水100mL，pH 7.0～7.2，琼脂15～20g。

3. 试剂和溶液

无菌生理盐水、碘液等。

4. 仪器设备

紫外诱变箱、磁力搅拌器、离心机、高压蒸汽灭菌锅、恒温培养箱等。

5. 其他材料

培养皿、微量移液器、试管、移液管、涂布棒、锥形瓶、离心管、酒精灯、脱脂棉、玻璃珠等。

四、实验内容

1. 菌种活化

将枯草芽孢杆菌菌种移接入牛肉膏蛋白胨斜面上，37℃恒温培养24h。

2. 制备菌悬液

取生长丰满的斜面，用5mL生理盐水将菌苔洗下，涡旋振荡打碎菌块。菌液用3000r/min离心15min，弃上清液。菌体用无菌生理盐水悬浮并用水洗涤2次，每次用3000r/min离心10min，弃上清液。最后用血细胞计数板在显微镜下直接计数，调整细胞浓度为1×10^8个/mL。

3. 紫外线诱变致死率

采用15W紫外灯，调整紫外灯的照射距离为30cm，打开紫外灯预热20min。吸取10^8个/mL菌悬液2mL于无菌直径为6cm培养皿中，将培养皿置于诱变箱内的磁力搅拌器上。开启磁力搅拌器，然后在黑暗条件下打开皿盖，用紫外灯分别照射1min、2min。

4. 稀释涂布

（1）稀释菌液：将经过照射的菌悬液和未照射的菌悬液分别用无菌生理盐水以10倍为稀释梯度稀释至10^{-6}稀释度。

（2）平板涂布：分别取10^{-5}以及10^{-6}稀释度0.2mL稀释液加于淀粉琼脂培养基平板中央，无菌玻璃棒涂布。未经紫外线处理的菌悬稀释液10^{-5}以及10^{-6}涂布平板作为对照。

5. 培养

将上述处理好的平板用黑布包好，放入37℃培养箱中培养48h。

6. 存活率和致死率计算

（1）存活率

将培养48h后的平板取出进行菌落计数，计算出对照（不照射）、紫外线处理（1min、2min）后每毫升菌数，计算各处理剂量存活率。

存活率(%)＝(处理后每毫升菌数/对照每毫升菌数)×100%

（2）致死率

计算出对照（0min）、紫外线处理（1min、2min）后每毫升菌数，计算各处理剂量致死率。

$$致死率(\%)＝[(对照每毫升菌数－处理后每毫升菌数)/$$
$$对照每毫升菌数]×100\%$$

7. 观察诱变效果

在平板菌落计数后，分别在菌落数为5～6个的平板上加菌悬液数滴，在菌落周围将出现透明圈。分别测其透明圈直径和菌落直径并计算比值，与对照培养皿相比较，说明诱变效果。再选取比值大的菌落移接到牛肉膏蛋白胨斜面培养基上培养和保藏。

五、注意事项

1. 紫外线对人的眼睛和皮肤有伤害，长时间接触会造成灼伤。操作时应戴防护眼镜，避免直视。

2. 稀释涂布应在红光下进行，避免菌液接触可见光。

六、实验结果

计算存活率与致死率，测量紫外线处理后的枯草芽孢杆菌菌落透明圈直径与菌落直径及其比值（HC），将结果填入表3-1中。

表 3-1　枯草芽孢杆菌诱变结果

项目	不照射(对照)		照射 1min(对照)		照射 2min(对照)	
	稀释 10^{-5}	稀释 10^{-6}	稀释 10^{-5}	稀释 10^{-6}	稀释 10^{-5}	稀释 10^{-6}
每皿菌落数/个						
存活率/%						
致死率/%						
HC						

七、思考题

1. 紫外线诱变作用的机理是什么？

2. 经紫外线照射的菌液为何要避免可见光照射？

实验 41

耐高温酵母菌株的诱变选育

一、实验目的

1.通过实验，观察紫外线对酵母菌的诱变效应。

2.学习物理因素诱变育种的方法。

二、实验原理

紫外线对微生物有诱变作用，主要是引起 DNA 的分子结构发生改变（同链 DNA 的相邻嘧啶间形成共价结合的胸腺嘧啶二聚体），从而引起菌体遗传性变异。

测定紫外线的剂量有直接法（以 erg/mm^2 表示绝对剂量，$1erg = 10^{-7}J$）和间接法（以辐照时间或致死率作为相对剂量）两种。微生物所受射线的剂量决定于灯的功率、照射距离和时间。如果功率和距离是固定的话，则剂量就和照射的时间成正比，故照射时间的长短可作为相对剂量。一般用 15W 的紫外灯，距离固定在 30cm 左右，选用致死率达 90％～99.9％所需的辐射时间进行诱变处理。但各类微生物所需的最适时间不同，一般营养体需辐照 3～5min，芽孢要 10min，芽孢杆菌的营养体要 1～3min，革兰氏阳性菌和无芽孢菌较易杀死，用 30s，放线菌的分生孢子用 30s～2min。

辐射不宜在肉汤等成分复杂的液体中进行，以免化学反应的干扰；同时要有电磁搅拌设备，以求照射均匀，尤其在菌液浓度较大或菌体、孢子等较大而重时很容易在处理期间发生沉降，此时电磁搅拌更显重要。照射前紫外灯宜先开灯预热 20～30min，使光波稳定。

三、实验器材

1. 菌种

酵母菌（*Saccharomyces*）。

2. 培养基

马铃薯琼脂培养基：20％马铃薯煮汁，磷酸二氢钾 3g，硫酸镁 1.5g，葡萄糖 20g，维生素 10mg，琼脂 18g，水 1000mL，pH 6。

3. 溶液与试剂

生理盐水等。

4. 仪器设备

光学显微镜、紫外诱变箱、电磁搅拌器、离心机等。

5. 其他材料

血细胞计数板、培养皿、玻璃珠等。

四、实验内容

1. 菌悬液的制备

（1）取培养 24h 的酵母菌斜面 1 支，用无菌生理盐水将菌苔洗下，并倒入盛有玻璃珠的大试管中，振荡 30min，以打碎菌块。

（2）将上述菌液离心 1500r/min，离心 5min，弃去上清液，将菌体用无菌生理盐水洗涤 2～3 次，制成菌悬液。

（3）用光学显微镜直接计数法计数，调整细胞浓度为 10^8 个/mL。

2. 倒平板

马铃薯琼脂培养基熔化后，冷却至 55℃左右时倒平板，凝固后待用。

3. 紫外线处理

（1）将紫外线灯开关打开预热约 20min。

（2）取直径 9cm 无菌培养皿 1 套，分别加入上述菌悬液 6～7mL，并放入无菌大头针于培养皿中。

（3）将盛有菌悬液的培养皿置于电磁搅拌器上，在距离为 30cm、功率为 15W 的紫外线灯下分别搅拌照射 30s、60s、90s、120s、150s、180s。

4. 稀释

在红灯下，将上述经诱变处理的菌悬液以 10 倍稀释法稀释成 10^{-1}～10^{-6} 稀释度。

5. 涂平板

取 10^{-4}、10^{-5}、10^{-6} 三个稀释度涂平板，每个稀释度涂平板 3 个，每个平板加稀释菌液 0.1mL，用无菌玻璃刮棒涂匀。以同样操作，取未经紫外线处理的菌稀释液涂平板作对照。

6.培养

将上述涂匀的平板，静置2min后，用黑布（或黑纸）包好，置36℃、42℃、50℃三个不同温度下培养24h。注意每个培养皿背面要标明处理时间和稀释度。

五、注意事项

1.紫外线对人的眼睛和皮肤有伤害，长时间接触会造成灼伤。操作时应戴防护眼镜，避免直视。

2.稀释涂布应在红光下进行，避免菌液接触可见光。

六、实验结果

将培养24h后的平板取出进行计数，根据对照平板上菌落数，计算不同温度下菌的存活率、不同紫外线处理时间菌的存活率、同一温度下稀释倍数的准确性。

存活率(%)＝(处理后每毫升菌数/对照每毫升菌数)×100%

致死率(%)＝[(对照每毫升菌数－处理后每毫升菌数)/对照每毫升菌数]×100%

七、思考题

1.用于诱变的菌悬液（或孢子悬液）为什么要充分振荡？

2.经紫外线处理后的操作和培养为什么要在暗处或红光下进行？

实验 42

淀粉酶高产菌株的诱变选育

一、实验目的

1.观察紫外线对枯草芽孢杆菌的诱变效应。

2. 学习物理因素诱变育种的方法。

3. 掌握分光光度法测定液化型淀粉酶活力的基本原理和方法。

4. 从初筛所获得的诱变菌株中筛选出淀粉酶活力高的菌株。

二、实验原理

在以微生物为材料的遗传学研究中，用某些物理因素或化学因素处理微生物，使基因发生突变，可能导致微生物合成某一物质的能力提高或者降低。物理诱变剂常用的有 X 射线、紫外线、快中子、γ 射线等。诱变处理首先是选择诱变剂，微生物诱变中最常用的物理诱变剂是紫外线。用诱变剂处理微生物，一般要求微生物呈单核的单细胞或单孢子的悬浮液，分布均匀，这样可以避免出现不纯的菌落。用于诱变处理的微生物一般处于对数生长期，处于该期的细菌对诱变剂最敏感。

必须选择合适的剂量进行诱变处理，剂量的表示有二种，绝对剂量和相对剂量。绝对剂量的单位以 erg/cm^2 表示，一般用相对剂量。相对剂量与 3 个因素有关：诱变源和处理微生物的距离、诱变源（紫外灯）的功率、处理的时间。前 2 个因素是固定的，所以通过处理时间控制诱变剂量。

淀粉酶是指能催化分解淀粉分子中糖苷键的一类酶，包括 α-淀粉酶、淀粉 1,4-麦芽糖苷酶（β-淀粉酶）、淀粉 1,4-葡萄糖苷酶（糖化酶）和淀粉 1,6-葡萄糖苷酶（异淀粉酶）。α-淀粉酶可以从淀粉分子内部切断淀粉的 α-1,4 糖苷键，形成麦芽糖、含 6 个葡萄糖单位的寡糖和带有支链的寡糖，使淀粉的黏度下降，因此又称为液化型淀粉酶。淀粉遇碘呈蓝色，这种淀粉-碘复合物在 660nm 处有较大的吸收峰，可以用分光光度计测定。随着酶的不断作用，淀粉长链被切断，生成小分子糊精，使其对碘的蓝色反应逐渐消失，因此可以根据一定时间内蓝色消失的程度为指标来测定 α-淀粉酶的活力。

本综合实验利用紫外线诱变枯草芽孢杆菌悬浮的菌体，分析不同参数下的紫外线致死率及诱变率，筛选产量提高的产淀粉酶菌株。学习物理因素诱变育种的方法，并掌握分光光度法测定液化型淀粉酶活力的基本原理和方法，最终从诱变菌株中筛选出淀粉酶活力较高的菌株。

三、实验器材

1. 菌种

枯草芽孢杆菌（*Bacillus subtilis*）。

2. 培养基

淀粉琼脂培养基：牛肉膏 0.5g/L，蛋白胨 1g/L，氯化钠 0.5g/L，可溶性淀粉 0.2g/L，琼脂 20g/L，pH 7.0～7.2。

3. 溶液与试剂

生理盐水、碘液、标准糊精溶液、磷酸氢二钠-柠檬酸缓冲液。

4. 仪器设备

光学显微镜、紫外诱变箱、磁力搅拌器、离心机、分光光度计、恒温水浴锅。

5. 其他材料

血细胞计数板、试管、移液管、烧杯、离心管等。

四、实验内容

1. 紫外诱变及高产菌株的初筛

（1）菌悬液的制备

取培养 48h 的枯草芽孢杆菌的斜面 4～5 支，用无菌生理盐水将菌苔洗下，并倒入盛有玻璃珠的小三角烧瓶中，振荡 30min，以打碎菌块；将上述菌液离心（3000r/min，离心 15min），弃去上清液，将菌体用无菌生理盐水洗涤 2～3 次，最后制成菌悬液，并采用光学显微镜直接计数法计数，调整细胞浓度为 10^8 个/mL。

（2）平板制作

将淀粉琼脂培养基熔化后，冷至 55℃左右时倒平板，凝固后待用。

（3）紫外线处理

将紫外灯开关打开预热约 20min，取直径 6cm 无菌培养皿 2 套，分别加入上述菌悬液 5mL，并放入无菌搅拌棒于培养皿中，将盛有菌悬液的培养皿置于磁力搅拌器上，在距离为 30cm，功率为 15W 的紫外灯下分别搅拌照射 1min 及 3min。

（4）稀释

在红灯下，将上述经诱变处理的菌悬液以 10 倍稀释法稀释成 10^{-1}～10^{-6} 稀释度。

（5）涂平板

取 10^{-4}、10^{-5}、10^{-6} 三个稀释度菌液涂平板，每个稀释度涂平板 3

个，每个平板加稀释菌液 0.1mL，用无菌玻璃刮棒涂匀。以同样操作，取未经紫外线处理的菌稀释液涂平板作对照。

（6）培养

将上述涂匀的平板，用黑布（或黑纸）包好，置 37℃培养 48h。注意每个培养皿背面要标明处理时间和稀释度。

（7）计数

将培养 48h 后的平板取出进行细菌计数，根据对照平板上菌落数，计算出每 mL 菌液中的活菌数。同样计算出紫外线处理 1min、3min 后的存活细胞数及其致死率。

（8）观察诱变效应

将细胞计数后的平板，分别向菌落数在 5~6 个的平板内加碘液数滴，在菌落周围将出现透明圈。分别测量透明圈直径与菌落直径并计算其比值（HC 值）。与对照平板进行比较，根据结果，说明诱变效应，并选取 HC 值大的菌落移接到试管斜面上培养。

2. 高产菌株的鉴定

（1）标准曲线的绘制

将可溶性淀粉稀释成 0.2%、0.5%、1.0%、1.5%、2.0%的稀释液，吸取淀粉稀释液 2.0mL 加至试管中，加入磷酸氢二钠-柠檬酸缓冲液 1.0mL，40℃水浴保温 15min。加蒸馏水 1mL，40℃保温 30min 后分别加入 0.5mol/L 乙酸 10mL；吸取反应液 1mL，加入稀碘液 10mL，混匀，在 660nm 下测吸光值 A；以淀粉浓度为横坐标，吸光度为纵坐标，作标准曲线，如表 3-2。

表 3-2 标准曲线的制作

试剂	管号					
	1	2	3	4	5	6
淀粉稀释液浓度/%	0	0.2	0.5	1.0	1.5	2.0
淀粉稀释液/mL	2.0	2.0	2.0	2.0	2.0	2.0
缓冲液/mL	1.0	1.0	1.0	1.0	1.0	1.0
40℃水浴中保温 15min						
蒸馏水/mL	1	1	1	1	1	1
40℃水浴中保温 30min，分别加入 0.5mol/L 乙酸 10mL，混匀后吸取反应液 1mL						
稀碘液/mL	10	10	10	10	10	10
A_{660}						

（2）酶液的制备

将发酵液离心，5000r/min，10min，取上清液作为粗酶液，以 pH 6.0 缓冲液稀释至适当浓度，作为待测酶液。

（3）淀粉酶活力测定

① 吸取 1mL 标准糊精溶液，置于盛有 3mL 标准稀释碘液的试管中，作为比色的标准管。

② 在试管中加入 2% 可溶性淀粉 20mL，pH 6.0 磷酸氢二钠-柠檬酸缓冲液 5mL，60℃ 水浴中预热 5min，加入用磷酸氢二钠-柠檬酸缓冲液稀释 10 倍的酶液 0.5mL，充分混匀，立即计时，每 10min 取 1mL 反应液加入预先盛有 3mL 标准稀释碘液的试管中，当颜色反应由紫色逐渐变成棕橙色，与标准比色管颜色相同时即达到反应终点，反应总时间即为液化时间。

③ 酶活力单位的定义：1mL 酶液在 60℃、pH 6.0 的条件下，每 1h 液化可溶性淀粉的质量（g）为 1 个酶活力单位。

$$酶活力单位(g/mL)=[(60/t)×20×2\%×n]/0.5=(48×n)/t$$

式中，60 为反应时间，60min；20 为可溶性淀粉溶液的体积（mL）；n 为酶液稀释倍数；0.5 为测定时所用酶液量；2% 为可溶性淀粉浓度；t 为测定时记录的液化时间。

五、注意事项

1. 淀粉一定要用少量冷水调匀，再倒入热水中溶解，若直接加到热水中，会溶解不均匀，甚至结块。淀粉液应当天配制，配好的淀粉液应是透明澄清的，不能有颗粒状物质存在。

2. 酶液应该进行适当稀释。

六、实验结果

1. 绘制标准曲线。

2. 记录各样品的 A_{660}，并计算其酶活力。

七、思考题

1. 测定酶活力时，在具体操作上应注意哪些问题？

2. 为什么测定酶活力的试剂要在 60℃ 水浴锅中预热？

营养缺陷型突变株的筛选和鉴定

一、实验目的

1. 了解营养缺陷型突变株选育的原理。
2. 学习并掌握细菌氨基酸营养缺陷型的诱变、筛选与鉴定方法。

二、实验原理

从自然界中直接分离到的微生物被称为野生型菌株，它们通常具有合成自身所需要各种营养物质（氨基酸、维生素、核酸等）的能力，因而能在基本培养基上生长。经过人工诱变或自然突变后，有些菌株可能会失去这种能力，只有在基本培养基中补充所缺乏的营养因子才能生长，这类菌株称为营养缺陷型菌株。营养缺陷型菌株不仅可用于大量生产核苷酸、氨基酸等中间产物，还是研究代谢途径和基因重组遗传规律必不可少的遗传标记菌种。

通过人工诱变方法选育营养缺陷型菌株一般分为 4 个环节：诱变剂处理、淘汰野生型、检出缺陷型、鉴定缺陷型菌株。本实验选用亚硝基胍（NTG）为诱变剂。NTG 有超诱变剂之称，主要诱发 GC-AT 的转换，并能使细胞发生一次或多次突变，诱变效果好，导致细胞发生突变的频率高，因此常用于诱发营养缺陷型突变株。营养缺陷型菌株的检出有点植对照法、影印法、夹层法及限量补充法等。

本实验采用点植对照法筛选营养缺陷型菌株。将经过 NTG 诱变处理的菌液在完全培养基平板上涂布分离，长出菌落后将其分别用牙签转接到方位相同的另一基本培养基和完全培养基平板上培养，观察比较两平板的菌落生长情况，即可判断出营养缺陷型菌株，再经过生长谱法的鉴定，便可具体得出该菌株为何种营养物质的缺陷型。

三、实验器材

1. 菌种

啤酒酵母（*Saccharomyces cerevisiae*）。

2. 培养基

基本培养基（MM）：葡萄糖 0.5％，柠檬酸钠 0.1％，$(NH_4)_2SO_4$ 0.2％，K_2HPO_4 0.4％，KH_2PO_4 0.6％，$MgSO_4 \cdot 7H_2O$ 0.02％，琼脂 2％，pH 6.0。

完全培养基（CM）：与基本培养基的配方相同，另加入 1g 蛋白胨，调节 pH 至 6.0。

液体完全培养基：在以上完全培养基的基础上去除 2％琼脂。

3. 试剂和溶液

（1）混合氨基酸

将 21 种氨基酸按表 3-3 组合，各取 100mg 左右，烘干研细，制成 6 组混合氨基酸粉剂，分装避光保存备用。另外取全部（21 种）氨基酸混合在一起（每种 20mg 左右），烘干研细后保存，作为初步鉴定用。

表 3-3　六组混合氨基酸

组别	氨基酸组合					
1	赖氨酸	精氨酸	甲硫氨酸	胱氨酸	亮氨酸	异亮氨酸
2	缬氨酸	精氨酸	苯丙氨酸	酪氨酸	色氨酸	组氨酸
3	苏氨酸	甲硫氨酸	苯丙氨酸	谷氨酸	脯氨酸	天冬氨酸
4	丙氨酸	胱氨酸	酪氨酸	谷氨酸	甘氨酸	丝氨酸
5	鸟氨酸	亮氨酸	色氨酸	脯氨酸	甘氨酸	谷氨酰胺
6	瓜氨酸	异亮氨酸	组氨酸	天冬氨酸	丝氨酸	谷氨酰胺

（2）混合碱基

称取腺嘌呤、次黄嘌呤、黄嘌呤、鸟嘌呤、胸腺嘧啶、尿嘧啶和胞嘧啶各 50mg，混合烘干磨细后避光保存备用。

（3）混合维生素

将硫胺素、核黄素、吡哆醇、泛酸、对氨基苯甲酸、肌醇、烟酰胺、胆碱和生物素各取 50mg 混合，烘干磨细后避光保存备用。

（4）其他

亚硝基胍（NTG）、磷酸盐缓冲液（pH 6.0，0.2mol/L）、生理盐水、无菌水、甲酰胺、浓 NaOH 等。

4. 仪器设备

离心机、恒温培养箱、净化工作台、水浴锅、高压蒸汽灭菌锅等。

5. 其他材料

试管、离心管、锥形瓶、移液管、培养皿、接种针等。

四、实验内容

1. 菌悬液制备

取斜面上的啤酒酵母一环加入到 10mL LB 培养液中在 37℃ 下培养过夜，接入盛 20mL 完全液体培养基的 250mL 无菌锥形瓶中，28℃ 培养 16～18h。取适量菌液加入到离心管中，6000r/min 离心 5min，弃上清液，用磷酸盐缓冲液清洗 2 次，去除菌体表面残余的培养基。用缓冲液重悬菌体，振荡均匀，血细胞计数板计数并调整菌液浓度至 $10^7 \sim 10^8$ 个/mL。

2. 诱变处理

（1）NTG 配制

称取 1.5mg NTG 放入无菌离心管中，加入 0.15mL 甲酰胺助溶，再加入 pH 6.0 的磷酸盐缓冲液 1mL，使其完全溶解，在 28℃ 水浴锅中保温备用。

（2）诱变

取 5mL 菌悬液加入上述含有 NTG 的离心管中，充分混匀，立即放入 28℃ 的水浴中振荡 30min，取出在 6000r/min 下离心 5min，将上清液倒入浓 NaOH 中，重悬菌体，加 5mL 磷酸盐缓冲液再清洗 2 次以去除菌体表面残余的 NTG，加 5mL 无菌水制成菌悬液。

3. 营养缺陷型的检出

（1）菌悬液稀释

诱变处理后的菌悬液按 10 倍梯度稀释。

（2）平板分离

将 15mL 完全培养基倒入无菌培养皿中，待培养基凝固后吸取 0.1mL 适宜浓度的菌液加入培养皿中，无菌涂布棒涂布均匀，28℃ 培养 1～2 天，至长出菌落。

（3）牙签点种

取完全培养基和基本培养基各一平板，用记号笔在背后画小格，用灭菌的牙签将完全培养基上已长出的菌落，分别点种到位置相同的基本培养基和完全培养基平板上。先点基本培养基，再点完全培养基。28℃ 培养后，观察比较菌落生长情况，凡是在基本培养上不生长，而在相应位置的完全培养基中有菌落出现，可初步判断此菌落为营养缺陷型菌株。

4. 缺陷类型的初测

（1）菌种培养

将疑似营养缺陷型的菌落接种到完全培养基斜面上，编号，28℃ 培养

1～2 天。

（2）营养缺陷型种类鉴别

① 取疑似营养缺陷型菌株的新鲜斜面，加入 5mL 无菌水，刮下表面菌苔，制成菌悬液。

② 取 0.5mL 菌液滴加于无菌空平皿中，一菌一皿，每皿倾注约 15mL 熔化并冷却至 45～50℃的基本琼脂培养基，摇匀待其冷凝。

③ 每个平皿划分为三个区域，在每个区域的中央放上一小片分别浸润了混合氨基酸、混合核酸碱基和混合维生素溶液的滤纸片，在 28℃ 培养 24h。观察菌株生长情况，在何种营养培养基上生长，即表明此菌株属于该类营养物质的营养缺陷型突变株（图 3-1）。

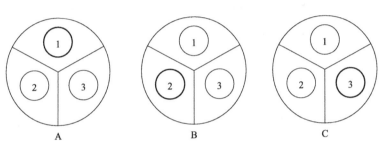

图 3-1　营养缺陷型生长谱测定

1—氨基酸混合液；2—核酸碱基混合液；3—维生素混合液

A—氨基酸缺陷型；B—核酸碱基缺陷型；C—维生素缺陷型

5. 生长谱鉴定

初测所选出的营养缺陷型中，有可能是氨基酸缺陷型、核酸碱基缺陷型或维生素缺陷型，其中，氨基酸缺陷型突变株较为常见。对于氨基酸缺陷型菌株来说，将待测菌株细胞用生理盐水洗涤后，吸取 1mL 菌液加入无菌培养皿中，倾注约 15mL 熔化并冷却至 45～50℃的基本琼脂培养基，摇匀待冷凝后将平板均匀划分为 6 个区域，在每个区域中央放入少量各组已混合的氨基酸结晶或粉末（共 6 组）。经培养后，可以看到某些区域的混合氨基酸四周出现混浊的生长圈，按表 3-4 所示就可确定属于哪一种氨基酸缺陷型。如果菌落生长在两氨基酸扩散的交叉处，其生长圈呈双凸透镜状，说明该菌落为双重氨基酸缺陷型。若是核酸碱基或维生素缺陷型，可按上法在各区域中分别加入单种核酸碱基或维生素，培养后就可确定属于哪一种核酸碱基或维生素缺陷型。

表 3-4　氨基酸营养缺陷型分析表

菌落生长区	缺陷类型	菌落生长区	缺陷类型	菌落生长区	缺陷类型
A	赖氨酸	A,C	甲硫氨酸	B,F	组氨酸
B	缬氨酸	A,D	胱氨酸	C,D	谷氨酸
C	苏氨酸	A,E	亮氨酸	C,E	脯氨酸
D	丙氨酸	A,F	异亮氨酸	C,F	天冬氨酸
E	鸟氨酸	B,C	苯丙氨酸	D,E	甘氨酸
F	瓜氨酸	B,D	酪氨酸	D,F	丝氨酸
A,B	精氨酸	B,E	色氨酸	E,F	谷氨酰胺

五、注意事项

1. NTG 是一种强烈的致癌剂，操作时要小心。称量药品时，要戴好塑料手套、口罩。用过的废液也不可随意倾倒，需经处理，接触过的器皿需处理后经大量水冲洗后再清洗使用。

2. 在用牙签筛选点种的时候要注意牙签不能将培养基戳破，点样的顺序是先基本培养基后完全培养基。在基本培养基上的点接量一定要少，以防止细胞过多及细胞老化而导致自溶现象的发生，从而引起缺陷型突变体也可以在基本培养基上生长的现象。

六、实验结果

请在表 3-5 中记录营养缺陷型突变株的鉴定结果。

表 3-5　营养缺陷型菌株的鉴定结果

缺陷型菌株编号	缺陷型类型	生长区	缺陷的标记
1			
2			
3			
4			
5			

七、思考题

1. 牙签点种时，为什么要先点基本培养基，后点完全培养基？

2. 诱变处理时为何要加入磷酸缓冲液？

实验 44

谷氨酸棒杆菌的原生质体融合

一、实验目的

1. 了解原核微生物原生质体融合的原理。
2. 学习细菌原生质体制备和融合的方法。

二、实验原理

原核微生物基因重组主要可通过转化、转导、接合等途径，但有些微生物不适于采用这些途径，从而使育种工作受到一定的限制。而微生物细胞原生质体融合这一新的基因重组手段具有许多特殊优点，所以，目前已被广泛研究和应用。

原生质体融合能克服种属间杂交的不育性，可以进行远缘杂交。用酶解除去细胞壁，即使相同接合型的真菌或不同种属间的微生物，皆可发生原生质体融合，产生重组子，提高基因重组率。原生质体融合后，两个亲株的整套基因组（包括细胞核、细胞质）相互接触，发生多位点的交换，从而产生各种各样的基因组合，获得多种类型的重组子。

原生质体的制备大多采用酶解法除去细胞壁，细菌常用溶菌酶。聚乙二醇作为一种表面活性剂，能强制地促进原生质体的融合。在有 Ca^{2+}、Mg^{2+} 存在时，更能促进融合。原生质体已失去细胞壁，虽有生物活性，但在普通培养基上不生长，必须涂布到再生培养基上，使之再生。原生质体融合的步骤包括：亲本的选择、制备原生质体、促融合、原生质体再生、检出融合子、融合子筛选。

三、实验器材

1. 菌种

谷氨酸棒状杆菌（*Corynebacterium glutamicum*）。

2. 培养基

(1) LB 培养基：蛋白胨 10g/L，酵母膏 9g/L，NaCl 10g/L，pH 7.0，

121℃灭菌 20min。

（2）再生培养基：丁二酸钠 90.05g/L，水解酪蛋白 5g/L，酵母膏 5g/L，葡萄糖 5g/L，$MgCl_2 \cdot 6H_2O$ 4.066g/L，K_2HPO_4 3.5g/L，磷酸二氢钾 1.5g/L，琼脂 20g/L，pH 7.3，121℃灭菌 20min。

3. 试剂和溶液

（1）高渗 CPB 溶液：丁二酸钠 135g/L，$MgCl_2$ 2g/L，EDTA 1.98g/L，pH 7.0。

（2）新生磷酸钙溶液：KH_2PO_4 0.54g，$CaCl_2 \cdot 6H_2O$ 29.4g，分别溶于 100mL 水，灭菌后，用时等体积混合。

（3）PEG 溶液：PEG6000 35g，用高渗 CPB 溶液溶解，配成 100mL PEG 溶液。

（4）酶溶液：取 0.1g 溶菌酶溶解在 10mL 水中，配制成浓度为 10mg/mL 的酶溶液。

4. 仪器设备

高速离心机、净化工作台、高压蒸汽灭菌锅、恒温摇床、微量移液器、显微镜等。

5. 其他材料

无菌水、试管、锥形瓶、培养皿、接种环、移液管等。

四、实验内容

1. 原生质体的制备

（1）菌种培养

出发菌株接种到 30mL LB 培养基中，30℃，200r/min 培养过夜。以 5% 接种量转接入新鲜 LB 培养基，振荡培养至对数中前期（2～4h）时加入终浓度为 0.2U/mL 的青霉素钠，继续振荡培养 2h。

（2）收集菌体

5000r/min 离心 10min 收集菌体，弃上清，用 10mL CPB 洗涤，去除菌体表面残余的培养基，等体积 CPB 重悬菌体。

（3）原生质体制备

将菌液转移至灭菌小锥形瓶中，加入过滤除菌的溶菌酶液，使其终浓度为 1mg/mL，于 37℃水浴锅中酶解 40～60min，隔 0.5h 取样镜检，至原生质体占 90％时终止酶解，转至离心管，5000r/min 离心 5min，去除上清酶液，再加等体积 CPB 重悬，再离心洗涤一次，CPB 重悬，即为制备好的原生质体。

（4）原生质体形成率的计算

取上述原生质体液用无菌水梯度稀释，适宜浓度的稀释液 0.1mL 涂布于 LB 培养基平板，30℃恒温培养，待菌落长出计算菌落数 B。同时取未经酶解的菌液梯度稀释，涂布于 LB 培养基平板，30℃培养待长出菌落，计算菌落数 A。

$$原生质体形成率(\%) = [(A-B)/A] \times 100\%$$

2. 原生质体再生及再生率的计算

原生质体经 CPB 高渗液适当稀释后，取 0.1mL 涂布于再生平板上，倒置于 30℃培养箱培养 3～5 天，观察再生情况，待再生平板上长出菌落，计算再生菌数 C。

$$原生质体再生率(\%) = [(C-B)/(A-B)] \times 100\%$$

3. 原生质体热灭活

取已制备好的将原生质体高渗悬液 5mL，加入 60℃水浴中处理 100min。取 0.1mL 原生质体溶液用 CPB 梯度稀释，涂布于再生平板，30℃培养 3～5 天，观察菌落并计数。

4. 原生质体融合

分别取热灭活的两亲本原生质体 2.5mL，混匀，4000r/min 离心 10min，弃上清，加入 4.8mL PEG 溶液，并加入 0.2mL 新生磷酸钙溶液，混合均匀，32℃水浴 30min，4000r/min 离心 10min，弃上清，加入 CPB 5mL 重悬。

5. 融合率计算

融合细胞用 CPB 梯度稀释，涂布于再生平板上，32℃培养。另取未灭活原生质体稀释 10 倍涂布于再生平板，同样条件下培养。

$$原生质体融合率(\%) = (融合再生菌菌落数/未灭活再生菌菌落数) \times 100\%$$

五、实验结果

1. 拍照记录菌体、原生质体及原生质体融合。

2. 计算原生质体融合率。

六、思考题

1.原生质体为什么要经过灭活？其作用原理是什么？
2.为什么在用酶液处理制备原生质体前要先用青霉素钠处理？

实验 45

酵母的原生质体融合

一、实验目的

1.学习酵母原生质体制备和再生的方法。
2.掌握酵母原生质体融合的方法。

二、实验原理

原生质体融合是一项应用广泛的菌种改良技术，是将双亲株的微生物细胞分别通过酶解脱壁，使之形成原生质体，然后在高渗的条件下混合，并加入物理的或化学的或生物的助融条件，使双亲株的原生质体间发生相互凝集，通过细胞质融合、核融合，进而发生基因组间的交换重组，可以在适宜的条件下再生出微生物的细胞壁来，从而获得带有双亲性状的、遗传性能稳定的融合子的过程。目前常用的融合方法有化学融合、生物融合、电融合以及激光诱导融合等。

不同的菌种细胞壁成分不同，因而用来制备原生质体的酶也各不相同。酵母的细胞壁外层主要为甘露聚糖和含有脂类的蛋白质，内层主要为葡聚糖等多糖类物质，因而常采用蜗牛酶酶解酵母的细胞壁。为提高原生质体的制备率，酶解前通常对酵母菌进行预处理。为得到较好的制备率和再生率，需注意菌种的培养时间、酶浓度及酶处理时间等相关因素。

三、实验器材

1. 菌种

酿酒酵母（*Saccharomyces cerevisiae*）的两种营养缺陷型菌株（如 Met^-、Lys^-）。

2. 培养基

（1）YEPD 培养基

酵母粉 10g/L，蛋白胨 20g/L，葡萄 20g/L，pH 6.0。

（2）YEPD 高渗完全培养基

配方同上，用 0.6mol/L NaCl 配制。

（3）YNB 基本培养基

0.67％酵母氮碱基（YNB，不含氨基酸），2％葡萄糖，3％琼脂，pH 6.2。

（4）YNB 高渗基本培养基

配方同上，用 0.6mol/L NaCl 配制。

3. 溶液与试剂

（1）预处理液

0.05mol/L EDTA-Na_2 溶液加入 0.2％ β-巯基乙醇。

（2）助融剂

30％ PEG6000、0.1mol/L $CaCl_2$、pH 7.0。

（3）酶液

1％蜗牛酶、0.6mol/L NH_4Cl、50mol/L 二硫苏糖醇，过滤除菌。

（4）高渗柠檬酸缓冲液

pH 6.0 柠檬酸-柠檬酸钠缓冲液中加入 0.7mol/L KCl。

4. 仪器设备

恒温摇床、高速离心机、净化工作台、高压蒸汽灭菌锅、微量移液器、显微镜等。

5. 其他材料

无菌水、试管、锥形瓶、培养皿、接种环、移液管等。

四、实验内容

1. 原生质体制备

（1）菌种培养

从斜面上取两亲本菌株各一环，分别接种于含有 5mL YEPD 培养基的试管中，30℃ 静置培养 24h 后，取 0.3～0.5mL 转接至装有 50mL 新鲜 YEPD 培养基的锥形瓶中，摇床 30℃ 培养至对数早期（14～16h），细胞数达 10^7～10^8 个/mL，4000r/min 离心 10min 收集菌体。

（2）预处理

菌体用生理盐水洗两次，4000r/min 离心 10min，去上清液后，于离心管中加入预处理液（其用量约为每克湿菌体用 4mL 处理液）在 30℃ 处理 30min，1000r/min 离心 10min，收集沉淀物。

（3）酶解

于上述沉淀物中加入新鲜配制的酶液 5～10mL，轻轻摇动，悬浮细胞，然后于 30℃ 摇床轻轻振荡，100r/min，培养 50～60min，每隔 10min 取样于显微镜下观察，待 90% 以上细胞都形成原生质体后，2000r/min 离心 5min 去除酶液，并用高渗柠檬酸缓冲液洗涤两次，离心收集原生质体并悬浮于高渗缓冲液。

2. 原生质体的融合

取双亲原生质体悬液（$1×10^7$～$1×10^8$ 个/mL）各 3mL 混合，3000r/min 离心 10min 弃上清后，加入 3mL 助融剂，轻轻振荡，悬浮原生质体并置 30℃ 恒温水浴保温 20min。每隔 3～4min 轻轻摇动一次，使助融剂与原生质体充分接触，然后立即加入 10mL YEPD 高渗培养基，6000r/min 离心 10min，弃上清液可获得融合沉淀物，即原生质体融合物。

3. 融合子再生

用 0.6mol/L NaCl 悬浮以上获得的原生质体融合物，并梯度稀释至 10^{-4}，分别从 10^{-2}、10^{-3}、10^{-4} 稀释度的原生质体悬浮液中取 $200\mu L$，加入 5mL 熔化并冷却至 45℃ 的上层 YNB 高渗基本培养基中，混匀，迅速倒于已凝固的 YNB 基本培养基底层平板上，铺平待其冷凝。另从 10^{-2}、10^{-3}、10^{-4} 稀释度的原生质体悬液中取 $200\mu L$，用双层平板法接种于 YEPD 高渗完全培养基上，30℃ 培养 3～5 天，菌落计数。

4. 排除异核体

由于双亲本均为营养缺陷型，YNB 基本培养基上长出的菌落可基本排除原始亲本菌株，但除了融合体外，还包括细胞质融合而核尚未融合的异核体，繁殖过程中极易分离，可通过在基本培养基上多次转接加以排除。排除异核体后，通过下列公式计算融合率。

原生质体融合率(%)＝[(融合子数×稀释倍数)/(再生培养基上生长的
总菌落数×稀释倍数)]×100％

五、实验结果

1. 拍照记录菌体、原生质体及质生质体融合。

2. 计算原生质体融合率。

六、思考题

1. 酶液的除菌为何采用过滤法?

2. 高渗培养基的作用是什么?

3. 如何提高原生质体的融合率?

实验 46

基因组改组选育谷氨酸高产菌

一、实验目的

1. 了解基因组改组育种的原理。

2. 学习基因组改组进行微生物育种的方法。

二、实验原理

基因组改组技术是一种递归式多母体原生质体融合技术。该概念于

1998 年由 Stemmer 等提出。首先选择一个原始亲株，通过经典的诱变育种方法获得多个表型优良的菌种，构建突变候选株文库，以这些表型提高的菌株作为首轮多亲本融合的直接亲株，然后进行亲株融合，使其全基因组进行随机重组，获得第一代融合株；再从中选择表型获得进一步提高的菌株作为下一轮融合的直接亲本，进行多轮的多亲株融合，最终从获得的突变体库中筛选出性状被提升的目的菌株。

三、实验器材

1. 菌种

谷氨酸棒杆菌（*Corynebacterium glutamicum*）。

2. 培养基

（1）液体培养基

葡萄糖 10g/L，NaCl 5g/L，蛋白胨 10g/L，酵母膏 5g/L，牛肉膏 10g/L，pH 7.0，115℃灭菌 20min。

（2）斜面培养基

牛肉膏 10g/L，蛋白胨 10g/L，NaCl 5g/L，pH 7.0～7.2。

（3）种子培养基

葡萄糖 25g/L，K_2HPO_4 1.5g/L，$MgSO_4$ 0.6g/L，玉米浆 30g/L，$FeSO_4 \cdot 7H_2O$ 0.005g/L，$MnSO_4 \cdot 4H_2O$ 0.005g/L，尿素 2.5g/L（单独灭菌），pH 7.0～7.2，115℃灭菌 20min。

（4）发酵培养基

葡萄糖 140g/L，K_2HPO_4 1.0g/L，$MgSO_4$ 0.6g/L，玉米浆 5g/L，$FeSO_4 \cdot 7H_2O$ 0.002g/L，$MnSO_4 \cdot 7H_2O$ 0.002g/L，尿素 7.0g/L（单独灭菌），pH 7.0～7.2，115℃灭菌 20min。

（5）显色培养基

在发酵培养基中加入 0.01g/L 的溴甲酚紫及 20g/L 的琼脂，pH 7.0～7.2，115℃灭菌 20min。

（6）再生培养基

丁二酸钠 90.05g/L，水解酪蛋白 5g/L，酵母膏 5g/L，葡萄糖 5g/L，$MgCl \cdot 6H_2O$ 4.066g/L，KH_2PO_4 1.5g/L，$K_2HPO_4 \cdot 3H_2O$ 3.5g/L，琼脂 20g/L，pH 7.3。

以上培养基中含有葡萄糖的在 115℃灭菌 20min，无葡萄糖的则在

121℃灭菌 20min。

3. 溶液和试剂

（1）高渗 CPB 溶液

丁二酸钠 135g/L，$MgCl_2$ 2g/L，EDTA 1.98g/L，pH 7.0。

（2）新生磷酸钙溶液

KH_2PO_4 0.54g，$CaCl_2 \cdot 6H_2O$ 29.4g，分别溶于 100mL 蒸馏水中，分别灭菌，用时等体积混合，反应生成磷酸钙溶液。

（3）PEG 溶液

PEG6000 35g，用高渗 CPB 溶液溶解，配成 100mL PEG 溶液。

（4）青霉素钠溶液

将 160 万单位（U）青霉素钠溶解在无菌水中，配成终浓度为 16U/mL 的青霉素钠溶液，现配现用。

（5）酶溶液

称取 0.1g 溶菌酶溶解于 10mL PB 液中，配制成浓度为 10mg/mL 的酶溶液。

细菌滤器过滤除菌，现配现用。

4. 仪器设备

生物传感分析仪、生化培养箱、净化工作台、高压蒸汽灭菌锅、冷冻离心机、水浴锅、X 射线照射装置、分光光度计、微量移液器、磁力搅拌器、恒温摇床、冰箱、显微镜等。

四、实验内容

1. 菌悬液的制备

出发菌株接种于含 30mL CM 培养基的锥形瓶，30℃，200r/min 培养过夜，8000r/min 离心 8min，弃上清液，无菌生理盐水洗涤并重悬制成菌悬液。

2. X 射线与硫酸二乙酯（DES）复合诱变

（1）X 射线诱变

将菌悬液转入无菌装有玻璃珠的锥形瓶中，温和均匀打散菌体，并调整细胞浓度为 10^8 个/mL 左右。取 1mL 菌悬液分装至 5mL 离心管，蜡封，冰袋保护下进行 X 射线照射，电压 100V，电流 5mA，源距 10cm，照射 30min。照射时需及时更换冰块，以确保照射过程中温度恒定（3～6℃）。取样进行梯度稀释后涂布于完全培养基平板上，以未诱变的菌悬液作对照，

30℃培养 2 天，计算致死率。

（2）DES 诱变

经 X 射线处理过的菌悬液中加入终浓度为 1.0%（体积分数）的 DES，混匀后于 37℃水浴处理 50min，再加入等体积的终止剂 2%的硫代硫酸钠，终止诱变，1000r/min 离心 10min，无菌生理盐水洗涤 2 次，去除诱变剂后重悬菌体。取样进行梯度稀释并涂布于完全培养基平板上，以未诱变的菌悬液作对照，30℃培养 2 天，计算致死率。

3. 高通量筛选

经复合诱变的菌体按 10 倍梯度稀释，取适宜浓度稀释液涂布于含有 0.01g/L 溴甲酚紫的培养基平板，30℃培养 2 天。挑选变色圈大且出现早的菌株，分别接种至每孔均含有 1mL 种子培养基的 96 孔细胞培养板中，30℃，200r/min 摇床培养 24h。按 10%接种量转接至含有 1mL 发酵培养基的培养板中，30℃，200r/min 摇床培养 24h 后，在无菌条件下每孔加入 0.10%的无菌尿素补充氮源，继续 30℃，250r/min 摇床培养 24h，用生物传感分析仪检测各发酵液的谷氨酸产量，挑选出产酸量大于原始菌产量的突变株进行摇瓶发酵复筛，选出 10～20 个作为突变体库，进行第一轮基因改组。

4. 原生质体制备及灭活

将突变体库中的菌株分别制备原生质体并将其灭活。

5. 原生质体融合和再生

将以上原生质体悬液等体积混合，在适宜条件下融合并用双层平板法分离至再生培养基平板上。

6. 高通量筛选

将再生平板上长出的菌落和原始菌株划线接种于显色平板，30℃培养 1 天后，挑选有变色圈的菌株，接种到 96 孔培养板中进行高通量筛选，选出 10 株表现优良的菌株进行第二轮基因组改组。

7. 第二轮基因组改组

将以上 10 株菌分别制备原生质体并灭活，再次进行多亲本融合和再生，最后经高通量筛选得到下一轮基因组改组的出发菌株。下一轮改组则继续重复步骤 4～6 的实验内容，直至筛选出满意的菌株。

五、实验结果

比较基因改组前后菌株的形态、生长、生产性能差异。

六、思考题

比较基因组改组与其他诱变或原生质体融合的异同。

实验 47

PCR 定点突变改造微生物菌种

一、实验目的

1. 了解基因定点突变在基因功能研究和微生物育种中的应用。

2. 通过实验，掌握微生物基因定点突变的原理和操作方法。

3. 熟悉基因操作的基本方法。

二、实验原理

定点突变是指通过聚合酶链反应（PCR）等方法向目的 DNA 片段（可以是基因组，也可以是质粒）中引入所需变化（通常是表征有利方向的变化），包括碱基的添加、删除、点突变等。定点突变能迅速、高效地提高 DNA 所表达的目的蛋白的性状及表征，是基因研究工作中一种非常有用的手段。

定点突变一般需要含有待突变基因的高纯度质粒，不少于 $10\mu g$，电泳图清晰，达到酶切及测序要求。一般先设计合成覆盖突变位点的双向引物，进行高保真 PCR 反应，将 PCR 产物克隆至 T 载体，或者根据要求亚克隆至目的载体，DNA 测序验证突变序列的正确性。

三、实验器材

1. 菌株

扩展青霉（*Penicillium expansum*），大肠杆菌（*E.coli*）DH-5α。

2. 质粒

pBluescript II SK（＋）、pMD-18T 等。

3. 培养基

（1）LB 培养基

酵母浸出粉 0.5%，蛋白胨 1%，NaCl 1%，pH 7.2。

（2）SOC 培养基

胰蛋白胨 2%，酵母浸出粉 0.5%，NaCl 0.05%，2.5mmol/L KCl，10mmol/L $MgSO_4$，20mmol/L 葡萄糖（单独过滤除菌后加入）。

（3）溶液和试剂

① 工具酶

DNA 限制性核酸内切酶、T4DNA 连接酶、Taq DNA 聚合酶、Pfu DNA 聚合酶、RNaseA 等。

② 质粒提取液

溶液 I：50mmol/L 葡萄糖，25mmol/L Tris-HCl，10mmol/L EDTA（pH 8.0）。

溶液 II：200mmol/L NaOH，1% SDS。

溶液 III：3mol/L NaAc（CH_3COONa，pH 5.2）。

③ 电泳缓冲液

5×TBE：Tris 碱 54g，硼酸 27.5g，0.5mol/L EDTA 20mL（pH 8.0）。

10×Tris-Gly：Tris 碱 15.9g，甘氨酸 94g，10% SDS 50mL。

TE 缓冲液：10mmol/L Tris-HCl（pH 8.0），1mmol/L EDTA（pH 8.0）。

④ 寡聚核苷酸引物

a. 扩增脂肪酶 cDNA 引物

引物 A1：5′-TTACGTAATGTTGTTCAACTACCAATC-3′

引物 A2：5′-CTCAGCTCAGATAGCCAC-3′

b. Lip 92D/P 定点突变引物 ［92 位：天冬氨酸（D）突变成脯氨酸（P）］

引物 B1：5′-ATCTTCACAGGAGAGGGGAAA-3′

引物 B2：5′-TTCCCCTCTCCTGTGAAGATC-3′

⑤ 其他试剂

琼脂糖、IPTG、X-gal、SDS、TEMED、APS、PEG5000、DDT、Tris、dNTP、丙烯酰胺、甲基双丙烯酰胺、山梨醇、低熔点琼脂糖、2kb Ladder 分子量 Marker、低分子量标准蛋白质、氨苄青霉素等。

4. 仪器设备

PCR 仪、核酸电泳仪、凝胶成像仪、冷冻离心机、超低温冰箱、酸度计等。

四、实验内容

1. Lip 92D/P 定点突变

（1）Lip 92D/P 基因左侧片段的 PCR 扩增

模板 pSK-Lip	1 ng
引物 A1	$1\mu L$
引物 B2	$1\mu L$
dNTP（10mmol/L）	$1\mu L$
$10\times Pfu$ 缓冲液	$5\mu L$
Pfu DNA 聚合酶	$0.3\mu L$
灭菌双蒸水	至 $50\mu L$

PCR 反应程序：95℃ 2min，94℃ 50s，48℃ 45s，72℃ 60s（10 个循环）；94℃ 50s，53℃ 45s，72℃ 60s（20 个循环）；72℃ 延伸 10min。

（2）Lip 92D/P 基因右侧片段的 PCR 扩增

模板 pSK-Lip	1ng
引物 A2	$1\mu L$
引物 B1	$1\mu L$
dNTP（10mmol/L）	$1\mu L$
$10\times Pfu$ 缓冲液	$5\mu L$
Pfu DNA 聚合酶	$0.3\mu L$
灭菌双蒸水	至 $50\mu L$

PCR 反应程序：95℃ 2min，94℃ 50s，48℃ 45s，72℃ 60s（10 个循环）；94℃ 50s，53℃ 45s，72℃ 60s（20 个循环）；72℃ 延伸 10min。

以上两种 PCR 产物采用低熔点胶纯化回收，溶于 $20\mu L$ TE，作为第三轮 PCR 模板。

（3）Lip 92D/P 基因片段的 PCR 扩增

Lip 92D/P-L	$10\mu L$
Lip 92D/P-R	$10\mu L$
引物 A1	$2\mu L$
引物 A2	$2\mu L$
dNTP（10mmol/L）	$2\mu L$
$10\times Pfu$ 缓冲液	$10\mu L$

Pfu DNA 聚合酶　　　　　　0.6μL

灭菌双蒸水　　　　　　　　至 100μL

PCR 反应程序：95℃ 2min，94℃ 50s，37℃ 45s，72℃ 90s（5 个循环）；94℃ 50s，50℃ 45s，72℃ 90s（25 个循环）；72℃延伸 10min。

2. 低熔点胶回收 Lip 92D/P 基因

制备普通 1％琼脂糖凝胶，待其凝固后，挖去点样孔前方 1～2cm 处的一小块凝胶。倒入用同样 TBE 缓冲液配制的 1％低熔点凝胶。PCR 产物加 1/10 体积的 10×DNA 凝胶上样缓冲液，100V 进行电泳，含 EB 0.5μg/mL 1×TBE 溶液染色后，紫外灯下切取目的片段。加入一定体积 TE，65℃水浴约 10min，使凝胶完全熔化，用苯酚、苯酚：氯仿（1：1）和氯仿各抽提一次，再加入 1/10 体积 3mol/L NaAc、2.5 倍体积冰预冷的 95％乙醇，−20℃沉淀 30～60min，4℃ 12000r/min 离心 10min，70％乙醇洗涤一次，干燥，溶于适量 TE 中，电泳检验，置−20℃备用。

3. 突变体克隆至 pMD18-T 载体

pMD18-T 载体　　　　　　　1μL

插入 DNA（Lip 92D/P DNA）　0.1～0.3pmol/L

双蒸水　　　　　　　　　　至 5μL

加入 5μL 的溶液 I，16℃反应 30min 后，全部加入到 100μL 大肠杆菌 DH-5α感受态细胞中，冰浴 30min，42℃加热 45s，再冰浴 1min，加入 890μL SOC 培养基，37℃振荡培养 60min，在含有 X-gal、IPTG、氨苄青霉素的琼脂平板培养基上培养，形成单菌落。计数白色、蓝色菌落。挑选白色菌落，使用 PCR 法确认载体中插入片段的长度大小。将转化后含有突变体基因的质粒送交测序。

五、实验结果

1. 拍照记录琼脂糖凝胶电泳检验 3 轮 PCR 产物的结果。
2. 观察突变体菌落生长数量与特征。

六、思考题

1. 为何要计数白色、蓝色菌落，并对白色菌落使用 PCR 法确认载体中插入片段的长度大小？
2. 判断定点突变的方法有哪些？

实验 48

基于易错 PCR 的分子定向进化

一、实验目的

1. 掌握易错 PCR 的原理和方法。
2. 熟悉分子定向进化的一般方法。

二、实验原理

酶分子定向进化是定向改造酶结构和功能的新型策略和有效的技术手段。它模拟酶自然进化的过程，选择适当载体和表达系统，利用基因突变和重组，构建突变文库，辅以高通量筛选方案，以获得具有预期新功能的突变体。该技术不需要深入了解目标蛋白的结构信息，可简单快速实现对目标蛋白的定向进化。PCR 介导的随机突变广泛应用于分析蛋白质的功能、创造新的蛋白质种类以及改善蛋白质的功能。

易错 PCR 就是利用 PCR 过程中核苷酸配对会出现一定的错配率，控制一定的反应条件，如使用较多的 Taq DNA 聚合酶、增加 Mg^{2+} 浓度、加入 Mn^{2+}、改变 4 种 dNTP 的比例、减少模板量等，获得一定容量的突变文库，然后通过高通量的筛选方案获得性质改善的突变体。

在 PCR 介导的随机突变中，最重要的是要控制 dNTP 的量和 Mn^{2+} 的浓度。突变率一般随着 Mn^{2+} 浓度的增加而增加，但当 Mn^{2+} 浓度达到一定阈值时，核苷酸会发生无意义的颠换突变，最佳的 Mn^{2+} 浓度应控制在 $640\mu mol/L$。当 Mn^{2+} 浓度一定时，增加 dNTP 的量也能提高突变率。

对具体的研究而言，并非突变率越高越好，控制突变频率显得尤为重要。研究结构功能关系以 1 个蛋白质、1 个氨基酸突变为宜，即每段目的基因大约发生 1.5 个突变。如果只是为获得性质有明显改善的蛋白质，每段目的基因发生 2~6 个的突变，这样可以尽可能增加突变文库的容量。但当每段目的基因的突变超过 6 个时往往会导致彻底失去蛋白质的功能。

三、实验器材

1. 菌株

扩展青霉（*Penicillium expansum*），大肠杆菌（*E.coli*）DH-5α，酿酒酵母（*Saccharomyces cerevisiae*）。

2. 质粒

大肠杆菌-酿酒酵母穿梭表达质粒 pYES2.0。

3. 培养基

（1）LB 培养基

胰蛋白胨 10g/L，酵母提取物 5g/L，NaCl 10g/L，pH 7.2。

（2）YPD 培养基

酵母抽提物 10g/L，蛋白胨 20g/L，葡萄糖 20g/L。

（3）SC-ura 培养基

0.67% 酵母基本氮源（yeast nitrogen base，YNB），2% 葡萄糖，0.01μmol/L（NH$_4$)$_2$Fe(SO$_4$)$_2$·6H$_2$O（单独灭菌后加入），2% 琼脂。

（4）选择性培养基

胰蛋白胨 10g/L，酵母浸出汁 5g/L，橄榄油乳化液 5g/L，半乳糖 15g/L，琼脂 18g/L。

4. 溶液和试剂

T4 DNA 连接酶、限制性内切酶 *Xho* I 和 *Not* I、DNA Marker DL2000 和蛋白质 Marker、EX-*Taq* 酶、AMV 第一条链合成试剂盒、IPTG、氨苄青霉素、甘油、总 RNA 提取试剂盒、DNA 回收试剂盒等。

5. 仪器设备

PCR 仪、核酸电泳仪、电击转化仪、凝胶成像仪、冷冻离心机、超低温冰箱、pH 计等。

四、实验内容

1. PCR 引物

根据扩展青霉脂肪酶基因序列（*AF284064*），使用 Primer Premier 5.0 软件设计 error-prone PCR 引物。在引物的末端分别引入限制性内切酶酶切位点 *Xho* I（TCGAG）和 *Not* I（GCGGCCGC）。

上游：5′-CAATTCGAGCAACTGCAGACGCTG-3′。

下游：5′-CGGCGGCCGCGCTTCTGGTACTCAG-3′。

2. 易错 PCR 反应

模板 cDNA	4ng
上游引物	2μL
下游引物	2μL
dATP（10mmol/L）	0.4μL
dGTP（10mmol/L）	0.4μL
dTTP（10mmol/L）	0.4μL
dCTP（10mmol/L）	0.4μL
10×PCR 缓冲液	10μL
Mg^{2+}（25mmol/L）	6μL
$MnSO_4$（25mmol/L）	8μL
Taq DNA 聚合酶	1μL
灭菌双蒸水	至 100μL

PCR 反应程序：95℃ 5min，94℃ 30s，65℃ 30s，72℃ 120s（5 个循环）；94℃ 30s，60℃ 30s，72℃ 120s（25 个循环）；72℃延伸 10min。

3. 易错 PCR 突变文库的构建

（1）大肠杆菌 DH-5α 感受态细胞制备

挑取 DH-5α 单克隆于 2mL LB 液体培养基中，37℃振荡培养过夜。以 1% 接种量转接入 50mL LB 液体培养基中，37℃振荡培养至 A_{600} 约为 0.4，将菌液转入离心管中，冰浴 10min 后，4000r/min，4℃离心 10min，弃上清液；取 10mL 冰浴，用 0.15mmol/L $CaCl_2$ 悬浮菌体，冰浴 20min，4000r/min，4℃离心 10min，弃上清液；加入 4mL 冰浴的 $CaCl_2$ 悬浮菌体，分装。

（2）酿酒酵母感受态细胞制备

挑取酵母单克隆于 5mL YPD 液体培养基中，30℃，250r/min 振荡培养过夜，以 1% 接种量转入 50mL YPD 液体培养基中，30℃，250r/min 培养至 A_{600} 为 1.3～1.5，收集菌液至离心管中，4000r/min 离心 10min，弃上清液。用溶液Ⅰ（0.1mol/L LiAc＋0.01mol/L DTT＋1mol/L TE）重悬沉淀，冰浴 1h，4000r/min 离心 10min，弃上清液，用 25mL 的冰浴无菌水重悬，4000r/min 离心 10min，弃上清液，重复操作一次。再用 5mL 冰浴的溶液Ⅱ（1mol/L 山梨醇）重悬沉淀，4000r/min 离心 10min，弃上清液。

加入 200μL 冰浴的溶液Ⅱ，悬浮菌体，分装。

（3）重组质粒构建及转化

将 PCR 产物经琼脂凝胶电泳纯化回收。用 *Xho* Ⅰ和 *Not* Ⅰ双酶切，和经限制性核酸内切酶 *Xho* Ⅰ和 *Not* Ⅰ双酶切的穿梭分泌表达载体 pYES2.0 连接，用 T4DNA 连接酶 4℃连接过夜。连接产物转化至大肠杆菌 DH-5α 感受态细胞，涂布于含氨苄青霉素的 LB 平板，37℃培养 16h，将平板上所有克隆转入含有氨苄青霉素的液体 LB 培养基中，37℃，200r/min 培养过夜。提取 DH-5α 中重组质粒，取 8μL 浓度为 1μg/μL 的质粒与 80μL 感受态细胞混合均匀，转至 0.2cm 冰预冷的电击杯中。冰上放置 5min，电压 1500V，电容 25μF，电阻 200Ω，进行电击。电转入酵母感受态细胞后迅速加入预冷过的 1mol/L 山梨醇。涂布在 SC-ura 平板上，30℃培养 48h。

（4）重组子的鉴定

挑取 SC-ura 平板上的单克隆，提取质粒，用限制性内切酶 *Xho* Ⅰ、*Not* Ⅰ双酶切，PCR 鉴定含有突变基因的重组子 pYES2.0-Lip^{mut} 是否构建成功。

4. 易错 PCR 突变文库筛选

挑取 SC-ura 平板上的菌落，同时点在两个选择性培养基平板相应的位置，置 30℃培养 1 天后，一个置于 60℃，另一个置于 25℃，1 天后比较两者形成透明圈的大小，由此筛选高温型脂肪酶基因突变体。

五、实验结果

1. 拍照记录重组子质粒电泳鉴定结果，分析判断重组子是否成功构建。
2. 记录突变文库筛选结果，计算定向筛选的效率。

六、思考题

1. 哪些措施能提高易错 PCR 的突变率？
2. 易错 PCR 技术与传统诱变育种有什么异同之处？
3. 穿梭载体 pYES2.0 在大肠杆菌和酿酒酵母中的应用有什么不同？

附 录

一、常用培养基

1. 马铃薯葡萄糖培养基（PDA）

马铃薯 200g/L，葡萄糖 20g/L，琼脂 15～20g/L，pH 自然，121℃灭菌 15min。

2. 高氏 1 号培养基

可溶性淀粉 20g/L，NaCl 0.5g/L，KNO_3 1g/L，$K_2HPO_4 \cdot 3H_2O$ 0.5g/L，$MgSO_4 \cdot 7H_2O$ 0.5g/L，$FeSO_4 \cdot 7H_2O$ 0.01g/L，琼脂 20g/L，pH 7.4～7.6，121℃灭菌 15min。

3. LB 培养基

胰蛋白胨 10g/L，酵母提取物 5g/L，氯化钠 10g/L，pH 7.4，121℃灭菌 15min。

4. 牛肉膏蛋白胨培养基

牛肉膏 5g/L，蛋白胨 10g/L，NaCl 5g/L，琼脂 20g/L，pH 7.2～7.4，121℃灭菌 15min。

5. 淀粉培养基

牛肉膏 0.5g/L，蛋白胨 1g/L，氯化钠 0.5g/L，可溶性淀粉 0.2g/L，琼脂 20g/L，pH 7.0～7.2，121℃灭菌 15min。

6. 蛋白胨水培养基

蛋白胨 10g/L，NaCl 5g/L，pH 7.6，121℃灭菌 15min。

7. 油脂培养基

蛋白胨 10g/L，牛肉膏 5g/L，NaCl 5g/L，香油或花生油 10g/L，1.6%中性红水溶液 1mL/L，琼脂 20g/L，pH 7.2，121℃灭菌 20min。配制时油和琼脂及水先加热，调好 pH 后，再加入中性红；分装时不断搅拌，使油均匀分布于培养基中。

8. 糖发酵培养基

蛋白胨 10g/L，葡萄糖（或乳糖）10g/L，NaCl 5g/L，pH 7.4，121℃灭菌 20min。配制时将蛋白胨先加热溶解，调节 pH，加入 1.6%溴甲酚紫溶液，再加入葡萄糖，溶解分装，最后将杜氏小管倒置放入试管中，121℃灭菌 15min。

9. 麦芽汁培养基

取一定量的干麦芽粉，加 4 倍水，在 58～65℃下糖化 3～4h，直到加碘液无蓝色反应为止，煮沸后用纱布过滤调节 pH 至 6.0，121℃灭菌 15min。

10. 马铃薯培养基

马铃薯（马铃薯去皮，切成块煮沸半小时，然后用纱布过滤）200g/L，蔗糖（或葡萄糖）20g/L，琼脂 20g/L，pH 自然，121℃灭菌 15min。

11. 伊红亚甲蓝固体培养基

蛋白胨 10g/L，乳糖 10g/L，磷酸氢二钾 2g/L，琼脂 20g/L，蒸馏水 1000mL，2％伊红水溶液 20mL，0.5％亚甲蓝水溶液 13mL。

12. 乳糖胆盐蛋白胨培养基

蛋白胨 20g/L，猪胆盐 5g/L，乳糖 5g/L，溴甲酚紫 0.01g/L，pH 7.4，121℃灭菌 15min。

13. 察氏培养基（蔗糖硝酸钠培养基）

硝酸钠 3g/L，磷酸氢二钾 1g，硫酸镁（$MgSO_4 \cdot 7H_2O$）0.5g/L，氯化钾 0.5g/L，硫酸亚铁 0.01g/L，蔗糖 30g/L，琼脂 20g，pH 7.0～7.2，121℃灭菌 15min。

14. 马丁（Martin）琼脂培养基

葡萄糖 10g，蛋白胨 5g，KH_2PO_4 1g，$MgSO_4 \cdot 7H_2O$ 0.5g，1/3000 孟加拉红（玫瑰红水溶液）100mL，琼脂 15～20g，pH 自然，蒸馏水 800mL。0.56kgf/cm^2（1kgf/cm^2＝98066.5Pa），112.6℃灭菌 30min。临用前加入 0.03％链霉素稀释液 100mL，使每毫升培养基中含链霉素 30μg。

15. 月桂基硫酸盐胰蛋白胨（LST）肉汤培养基

胰蛋白胨 20.0g/L，氯化钠 5.0g/L，乳糖 5.0g/L，磷酸氢二钾 2.75g/L，磷酸二氢钾 2.75g/L，月桂基硫酸钠 0.1g/L，pH 6.8±0.2，121℃灭菌 15min。

16. 煌绿乳糖胆盐（BGLB）肉汤培养基

蛋白胨 10.0g/L，乳糖 10.0g/L，牛胆粉 20.0g/L，煌绿 0.0133g/L，pH 7.2±0.1，121℃灭菌 15min。

17. 7.5％ NaCl 肉汤培养基

蛋白胨 10g/L，牛肉膏 3g/L，NaCl 75g/L，pH 7.4。

18. 10％ NaCl 胰酪胨大豆肉汤

胰蛋白胨 17.0g/L，蛋白胨 3.0g/L，氯化钠 100.0g/L，磷酸氢二钾 2.5g/L，葡萄糖 2.5g，pH 7.4，121℃灭菌 15min。

19. 血琼脂培养基

营养琼脂 100mL，脱纤维羊血或兔血 5～10mL，121℃灭菌 15min。

20. Baird-Parker 琼脂培养基

胰酪蛋白胨 10.0g/L，酵母浸粉 1.0g/L，牛肉浸粉 5.0g/L，丙酮酸钠 10.0g/L，甘氨酸 12.0g/L，氯化锂 5.0g/L，琼脂 20.0g/L，pH 6.8，121℃灭菌 15min。

二、常用试剂

1. 结晶紫染液

溶液 A：结晶紫 2g，95％乙醇 20mL。

溶液 B：草酸铵 0.8g，蒸馏水 80mL。

将 A、B 溶液混匀置 24h 后，用滤纸过滤后即可使用。

2. 番红染色液

番红 O（又称沙黄 O）2.5g，95％乙醇 100mL，溶解后可贮存于密闭的棕色瓶中，用时取 20mL 与 80mL 蒸馏水混匀。

3. 靛基质试剂

（1）柯凡克试剂：将 5g 对二甲基氨基苯甲醛溶解于 75mL 戊醇中，然后缓慢加入浓盐酸 25mL。

（2）欧-波试剂：将 1g 对二甲基氨基苯甲醛溶解于 95mL 95％乙醇内，然后缓慢加入浓盐酸 20mL。

4. 斐林试剂

溶液 A：4.5g 结晶硫酸铜（$CuSO_4 \cdot 5H_2O$）于 500mL 水中，加 0.5mL 硫酸。

溶液 B：173g 酒石酸钾钠，50g NaOH 溶于 400mL 水中，再稀释到 500mL，用精制石棉过滤。

使用时取等体积溶液 A 和溶液 B 混合。

5. 孔雀绿试剂

孔雀绿 0.3g，加冰醋酸 100mL 溶解，即得。

6. 甲基红试剂

甲基红 0.1g，加 0.05mol/L 氢氧化钠溶液 7.4mL 溶解，再加水稀释至 200mL。

7. 甲基橙指示液

甲基橙 0.1g，加水 100mL 溶解。

8. 甲酚红指示液

甲酚红 0.1g，加 0.05mol/L 氢氧化钠溶液 5.3mL 溶解，再加水稀释至 100mL，即得。

9. 酚酞指示液

酚酞 1g，加乙醇 100mL 溶解。

10. 淀粉指示液

可溶性淀粉 0.5g，加水 5mL 搅匀后，缓缓倾入 100mL 沸水中，随加随搅拌，继续煮沸 2min，放冷，倾取上层清液即得。

11. 石炭酸复红染液

溶液 A：碱性复红 0.3g 研磨后，加入 95% 乙醇 10mL，使其溶解。

溶液 B：石炭酸 5g 溶于 95mL 蒸馏水。

将溶液 A 与溶液 B 混合，稀释 5～10 倍使用。

12. V-P 试剂

溶液 A：α-奈酚 6g 溶于 100mL 乙醇。

溶液 B：氢氧化钠 40g 溶于 100mL 蒸馏水。

13. 吲哚试剂

将 5g 对二甲基氨基苯甲醛溶解于 95% 乙醇 75mL 中，然后缓慢加入浓盐酸 25mL。

14. 亚甲蓝染色液

0.1g 亚甲蓝溶于 100mL 蒸馏水。

15. 鲁氏碘液

5g 碘和 10g 碘化钾溶于 85mL 蒸馏水中，碘的总浓度为 150mg/mL。

参考文献

[1] 沈萍.微生物学实验.第 5 版.北京：高等教育出版社，2018.

[2] 徐德强，王英明，周德庆.微生物学实验教程.第 4 版.北京：高等教育出版社，2019.

[3] 张小凡，袁海平.环境微生物学实验.北京：化学工业出版社，2021.

[4] 李秀婷.食品微生物学实验技术.北京：化学工业出版社，2020.

[5] 蔡信之，黄君红.微生物学实验.第 3 版.北京：科学出版社，2018.

[6] 叶蕊芳，张晓彦，郑一涛.应用微生物学实验.北京：化学工业出版社，2015.

[7] 袁红莉，王贺祥.农业微生物学及实验教程.北京：中国农业大学出版社，2018.

[8] 郝林，孔庆学，方祥.食品微生物学实验技术.第 3 版.北京：中国农业大学出版社，2018.

[9] 杨汝德.现代工业微生物学实验技术.第 2 版.北京：科学出版社，2018.

[10] 蒋咏梅.微生物育种学实验.北京：科学出版社，2012.

[11] 施巧琴，吴松刚.工业微生物育种学.第 4 版.北京：科学出版社，2018.

[12] 岑沛霖，蔡谨.工业微生物学.第 2 版.北京：化学工业出版社，2019.

[13] 姜伟，曹云鹤.发酵工程实验教程.北京：科学出版社，2018.

[14] 代群威.环境工程微生物学实验.北京：化学工业出版社，2010.

[15] 金昌海.食品发酵与酿造.北京：轻工业出版社，2018.

[16] 蔡信之，黄君红.微生物学实验.第 3 版.北京：科学出版社，2018.

[17] 邓祖军.微生物学与免疫学实验.第 2 版.北京：科学出版社，2017.

[18] 陈必链，王明兹.微生物工程实验.北京：科学出版社，2012.

[19] 尧品华，刘瑞娜，李永峰.厌氧环境实验微生物学.哈尔滨：哈尔滨工业大学出版社，2015.

[20] 马鸣超.土壤微生物生态学实验指导.北京：中国农业科学技术出版社，2015.